SpringerWienNewYork

Reinhard Viertl
Dietmar Hareter

Beschreibung und Analyse
unscharfer Information

Statistische Methoden
für unscharfe Daten

SpringerWienNewYork

o. Univ.-Prof. Dipl.-Ing. Dr. techn. Reinhard K. W. Viertl
Dipl.-Ing. Dr. techn. Dietmar Hareter
Institut für Statistik und Wahrscheinlichkeitstheorie
Technische Universität Wien
Wien, Österreich

Reproduktionsfertige Vorlage von den Autoren
Druck: G. Grasl GmbH, 2540 Bad Vöslau, Österreich
Gedruckt auf säurefreiem, chlorfrei gebleichtem Papier – TCF
SPIN 1135346

Mit 66 Abbildungen

Bibliografische Information Der Deutschen Bibliothek
Die Deutsche Bibliothek verzeichnet diese Publikation in der Deutschen
Nationalbibliografie; detaillierte bibliografische Daten sind im Internet über
http://dnb.ddb.de abrufbar.

ISBN-10 3-211-23877-8 SpringerWienNewYork
ISBN 978-3-211-23877-6 SpringerWienNewYork

Vorwort

Beobachtungen und Messungen diverser Größen sind oft nicht einfach Zahlen oder Vektoren, sondern wichtige Fakten, auch Daten genannt. Das Wort kommt von Datum in der Bedeutung von Angabe und Tatsache, d.h. das, was aktuell gegeben ist. Bereits Nikolaus von Kues (Cusanus) stellte im 15. Jahrhundert die „grundsätzlich unvermeidbare Ungenauigkeit jeder quantitativen Messung" fest. Der Mediziner Julius Robert von Mayer (1814–1878) bemerkte Jahrhunderte später: „Zahlen sind die gesuchten Fundamente einer exakten Naturforschung". In der Tat trieb die numerische Beschreibung von realen Phänomenen die Naturwissenschaften in der Folge enorm voran. Die Galilei'sche Devise „Miss alles, was messbar ist, und das Nichtmessbare mache messbar" ist nach wie vor grundlegend für die quantitative Wissenschaft.

Damit ist auch der Zusammenhang zwischen Messvorgängen und quantitativer Analyse angesprochen, der zentral für die folgenden Ausführungen ist.

Gemessene und beobachtete Daten stellen eine spezielle Art von *Information* dar. Als der Begriff „Information" vor rund 70 Jahren Eingang in die Wissenschaft fand, ging es zunächst ausschließlich um die Übermittlung und Übertragung von Nachrichten. Seit dieser Zeit kristallisierte sich der Begriff als ähnlich grundlegend heraus, wie es beispielsweise die beiden Begriffe Energie und Materie als Basis jeder Naturwissenschaft geworden sind. Dabei steht der Begriff Information an der Grenze zwischen den Naturwissenschaften und den Geisteswissenschaften. Norbert Wiener (1894–1964), der Begründer der Kybernetik, formulierte dies mit den Worten: „Information ist Information, weder Materie noch Energie. Kein Materialismus, der dies nicht berücksichtigt, kann heute überleben".

Die nähere Betrachtung und kritische Hinterfragung der Qualität von Informationen zeigt, dass sie häufig mit verschiedenen Arten von Ungewissheit behaftet sind. Vor allem in sprachlich übermittelten Informationen treten häufig linguistische Unsicherheiten auf. Beispielsweise sind die Aussagen „für eine kurze Zeit", „eine große Distanz" oder „erhöhte Temperatur" nicht Informationen im Sinne einer exakt bestimmbaren Zahl, sind aber trotzdem von hohem Informationsgehalt.

Die mathematische Beschreibung dieser Informationen, beispielsweise in der Modellierung des menschlichen Verhaltens, durch die Angabe von exakten reellen Zahlen als Bedeutung der einzelnen Aussagen, ist deshalb oft nicht adäquat. Selbst Informationen, die augenscheinlich als „exakt" angesehen werden, wie beispielsweise die Ergebnisse von Messungen, sind bei näherer Betrachtung mit Ungewissheit behaftet. In Abschnitt 1.1 wird die Unschärfe von Messungen an einigen praktischen Beispielen erläutert. Grundsätzlich treten bei Bestimmung und Messung von eindimensionalen kontinuierlichen Größen mehrere Arten von Ungewissheit auf: Zufälligkeit, Unschärfe, Messfehler und Modellunsicherheiten.

Das derzeit vorherrschende Konzept zur Beschreibung der Unsicherheit in den Daten ist die Verwendung von auf Wahrscheinlichkeiten basierenden stochastischen Modellen. Diese stochastischen Modelle beziehen allerdings nur die zufällige Variabilität in die Modellbildung ein, während andere Formen der Ungewissheit ignoriert werden. Speziell die Unschärfe der Daten, deren Ursache häufig im Bestimmungsprozess selbst liegt und die sich auf die Darstellung und Beschreibung *einer* Beobachtung bezieht, ist nicht stochastischer Art.

Datenqualität, Genauigkeit oder Ungenauigkeit von Daten und anderen Informationen ist ein grundlegender Aspekt von Messungen und Beobachtungen, der quantitativ beschrieben werden muss, um unrealistische Resultate von Analysen zu vermeiden. In vielen praktischen Anwendungen erscheint die Angabe reeller Zahlen als vorliegende Datenelemente fragwürdig. Oftmals können die einzelnen Werte bestenfalls durch eine obere und eine untere Schranke abgegrenzt werden, wobei diese so genannten Intervallzahlen Spezialfälle so genannter *unscharfer Zahlen* sind. Die Verwendung von unscharfen Zahlen ermöglicht es, die Unschärfe in die Modellbildung mit einzubeziehen, und erlaubt somit eine realistischere Beschreibung der Daten. Die Unschärfe der Daten darf dabei nicht als Ersatz zur Wahrscheinlichkeitstheorie aufgefasst, sondern muss vielmehr als ein Konzept zur mathematischen Beschreibung und Behandlung nichtstochastischer Ungewissheiten angesehen werden. Die Kombination von statistischen Modellen für die Analyse mehrfacher Informationsangaben derselben Größe, z.B. durch mehrmalige Messung, mit der Beschreibung der Einzelmessungen mittels unscharfer Zahlen oder unscharfer Vektoren bildet den geeigneten Rahmen für die Analyse unscharfer Daten. Dies ist ein hybrider Ansatz, der zwei verschiedene Arten von Ungewissheit vereint.

Die statistischen Methoden dieses Bandes sind für Leser geschrieben, die mit elementaren stochastischen Modellen und statistischen Verfahren vertraut sind. Das notwendige Vorwissen entspricht dem einer Einführung in die Stochastik, z.B [Vi03a] des Literaturverzeichnisses.

Ziel der Ausführungen ist es, Methoden der quantitativen Beschreibung unscharfer Beobachtungen stochastischer Größen vorzustellen und in die Grundlagen der statistischen Analyse solcher Daten einzuführen. Der praktische Umgang mit den vorgestellten Theorien und Methoden wird dem Leser anhand zahlreicher Übungsaufgaben nähergebracht.

Reinhard Viertl
Wien, September 2005   *Dietmar Hareter*

Inhaltsverzeichnis

Symbolverzeichnis

$\oplus$	Summation zweier unscharfer Zahlen
$\odot$	Multiplikation zweier unscharfer Zahlen
$\oslash$	Division zweier unscharfer Zahlen
$\ominus$	Differenzbildung zweier unscharfer Zahlen
$\emptyset$	leere Menge
$\int$	verallgemeinerte Integration
$\not\int$	Integration zur Berechnung unscharfer Wahrscheinlichkeiten
$\times$	cartesisches Produkt
$\cup$	mengentheoretische Vereinigung
$\cap$	mengentheoretischer Durchschnitt
$\sim$	verteilt nach
$\langle m, s, l, r \rangle_{LR}$	LR-Darstellung einer unscharfen Zahl
$\#$	Anzahl der Elemente in einer Menge
A	klassische Teilmenge oder Annahmebereich bei Tests
A^c	Komplement der Menge A
$A^\star$	unscharfe Menge
$C_\delta(x^\star)$	δ-Schnitt der unscharfen Zahl $x^\star$
$C_\delta(\boldsymbol{x}^\star)$	δ-Schnitt des unscharfen Vektors $\boldsymbol{x}^\star$
$co\,[\cdot]$	konvexe Hülle
$\mathcal{D}$	Menge der möglichen Entscheidungen
$\vartheta(\cdot,\ldots,\cdot)$	Schätzfunktion für einen Parameter
$d^\star(m, l, r)$	dreieckförmige unscharfe Zahl

$\mathbb{E}\,X$	Erwartungswert der stochastischen Größe X
$\mathcal{F}\,(\mathbb{R})$	Menge der unscharfen Zahlen
$\mathcal{F}\,(\mathbb{R}^n)$	Menge der n-dimensionalen unscharfen Vektoren
$\mathcal{F}_c(\mathbb{R}^n)$	Menge der n-dimensionalen unscharfen Vektoren mit konvexen δ-Schnitten
$f(\cdot\,|\,\cdot)$	bedingte oder Prädiktivdichte
$f^\star(\cdot)$	unscharfe Funktion
$\overline{f}_\delta(\cdot)$	obere δ-Niveaukurve der unscharfen Funktion $f^\star(\cdot)$
$\underline{f}_\delta(\cdot)$	untere δ-Niveaukurve der unscharfen Funktion $f^\star(\cdot)$
$F(\cdot)$	Verteilungsfunktion
$F^{-1}(\cdot)$	verallgemeinerte Inverse der Verteilungsfunktion $F(\cdot)$
$\widehat{F}_n(\cdot)$	empirische Verteilungsfunktion
$\widehat{F}_n^{-1}(\cdot)$	verallgemeinerte Inverse der empirischen Verteilungs- funktion $\widehat{F}_n(\cdot)$
$\widehat{F}_n^\star(\cdot)$	geglättete empirische Verteilungsfunktion oder unscharfe empirische Verteilungsfunktion
$\widehat{F}_{\mathrm{O},\delta}(\cdot)$	obere δ-Niveaukurve der unscharfen empirischen Verteilungsfunktion $\widehat{F}_n^\star(\cdot)$
$\widehat{F}_{\mathrm{U},\delta}(\cdot)$	untere δ-Niveaukurve der unscharfen empirischen Verteilungsfunktion $\widehat{F}_n^\star(\cdot)$
$h_n^\star(\cdot)$	unscharfe relative Häufigkeit
$\overline{h}_{n,\delta}(\cdot)$	obere Grenze des δ-Schnittes der unscharfen relativen Häufigkeit $h_n^\star(\cdot)$
$\underline{h}_{n,\delta}(\cdot)$	untere Grenze des δ-Schnittes der unscharfen relativen Häufigkeit $h_n^\star(\cdot)$
$H_n^\star(\cdot)$	unscharfe absolute Häufigkeit
$\overline{H}_{n,\delta}(\cdot)$	obere Grenze des δ-Schnittes der unscharfen absoluten Häufigkeit $H_n^\star(\cdot)$
$\underline{H}_{n,\delta}(\cdot)$	untere Grenze des δ-Schnittes der unscharfen absoluten Häufigkeit $H_n^\star(\cdot)$
$I_A(\cdot)$	Indikatorfunktion der Menge A
$i^\star(m,s)$	Intervallzahl
$K_n(\cdot,\ldots,\cdot)$	n-dimensionale Kombinationsregel

$\kappa(\cdot,\ldots,\cdot)$	Konfidenzfunktion
$L(\cdot)$	linke Begrenzungsfunktion in der LR-Darstellung
$L(\cdot,\cdot)$	Verlustfunktion
$l(\cdot\,;\ldots)$	Likelihood- oder Plausibilitätsfunktion
$l^\star(\cdot\,;\ldots)$	unscharfe Likelihood- oder Plausibilitätsfunktion
$\bar{l}_\delta(\cdot\,;\ldots)$	obere δ-Niveaukurve der unscharfen Likelihoodfunktion $l^\star(\cdot\,;\ldots)$
$\underline{l}_\delta(\cdot\,;\ldots)$	untere δ-Niveaukurve der unscharfen Likelihoodfunktion $l^\star(\cdot\,;\ldots)$
M	Merkmalraum
M_X	Merkmalraum der stochastischen Größe X
M_X^n	Stichprobenraum der stochastischen Größe X
m^k	k-tes Moment
$P(\cdot)$	klassische Wahrscheinlichkeitsverteilung
$P^\star(\cdot)$	unscharfe Wahrscheinlichkeitsverteilung
$\overline{P}_\delta(\cdot)$	obere Grenze des δ-Schnittes der unscharfen Wahrscheinlichkeit $P^\star(\cdot)$
$\underline{P}_\delta(\cdot)$	untere Grenze des δ-Schnittes der unscharfen Wahrscheinlichkeit $P^\star(\cdot)$
$\pi(\cdot)$	A-priori-Dichte
$\pi(\cdot\,|\,\cdot)$	A-posteriori-Dichte
$\pi^\star(\cdot)$	unscharfe Dichtefunktion
$\overline{\pi}_\delta(\cdot)$	obere δ-Niveaukurve der unscharfen Dichte $\pi^\star(\cdot)$
$\underline{\pi}_\delta(\cdot)$	untere δ-Niveaukurve der unscharfen Dichte $\pi^\star(\cdot)$
$\propto$	proportional
$R(\cdot)$	rechte Begrenzungsfunktion in der LR-Darstellung
s_n^2	Stichprobenvarianz
$\left(s_n^2\right)^\star$	unscharfe Stichprobenvarianz
$S_n^\star(\cdot)$	Summenkurve
θ	Parameter
$\widetilde{\theta}$	stochastischer Parameter
Θ	Parameterraum
$T(\cdot,\ldots,\cdot)$	Statistik
$T(\cdot,\cdot)$	t-Norm

$Tr(x^\star)$	Träger der unscharfen Zahl $x^\star$
$Tr(\boldsymbol{x}^\star)$	Träger des unscharfen Vektors $\boldsymbol{x}^\star$
$t^\star(m,s,l,r)$	trapezförmige unscharfe Zahl
$U(\cdot,\cdot)$	Nutzenfunktion
$U^\star(\cdot,\cdot)$	unscharfe Nutzenfunktion
V	Verwerfungsbereich bei Tests
X	stochastische Größe
$x_1,\ldots,x_n$	reellwertige Stichprobe
$x_{(1)},\ldots,x_{(n)}$	geordnete reellwertige Stichprobe
$x^\star$	unscharfe Zahl, unscharfe Beobachtung
$x_1^\star,\ldots,x_n^\star$	unscharfe Stichprobe
$\boldsymbol{x}^\star$	unscharfer Vektor oder unscharfer kombinierter Vektor
$\overline{x}_n$	Mittelwert einer Stichprobe
$\xi_{x^\star}(\cdot)$	charakterisierende Funktion der unscharfen Zahl $x^\star$
$\xi_{\boldsymbol{x}^\star}(\cdot,\ldots,\cdot)$	vektorcharakterisierende Funktion des unscharfen Vektors $\boldsymbol{x}^\star$
$\mathcal{Z}_n(\mathbb{R}^n)$	Menge der n-dimensionalen Zugehörigkeitsfunktionen

1

Ungewissheit und Information

1.1 Unscharfe Information und unscharfe Daten

Vieles im Leben ist ungewiss. Dies beginnt bei der Lebensdauer von Menschen, geht über Preisentwicklungen und über technische Gegebenheiten bis hin zu zukünftigen Umweltgegebenheiten. Um fundierte Entscheidungen treffen zu können, ist die adäquate, möglichst gute, quantitative Beschreibung der betrachteten Größen notwendig. Neben Messungen und Beobachtungen sind häufig auch auf Erfahrungen gegründete Einschätzungen von Ungewissheiten durch Experten, also quantitative Beschreibungen von so genannter A-priori-Information in Entscheidungsanalysen wesentlich.

Die adäquate mathematische Beschreibung von realen Informationen ist oft nicht durch exakte Zahlen bzw. Vektoren möglich. Dies gilt vor allem, wenn für die entsprechende Größe bzw. Menge nur eine vage Beschreibung oder Charakterisierung vorliegt, wie es häufig bei linguistischen Aussagen der Fall ist. Beispielsweise ist die vage definierte Information „der Patient hat erhöhte Temperatur" als Teilmenge von $\mathbb{R}$ nicht eindeutig festgelegt. Einerseits ist die quantitative Beschreibung der Information bzw. der Menge „erhöhte Temperatur" für die Modellierung von medizinischem Wissen notwendig, andererseits ist diese Festlegung mit vielen praktischen Schwierigkeiten verbunden: Ist eine Temperatur von 37.5 °C erhöht? Bei welchen Temperaturen soll die obere und untere Grenze der Menge festgelegt werden? Viel entscheidender ist die Frage, ob eine strikte Festlegung der Grenzen für die Beschreibung dieser Menge überhaupt sinnvoll ist.

Ein ähnliches Problem stellt die Anteilschätzung dar. Die Frage nach dem Anteil von Rauchern in einer Firma kann beispielsweise nicht immer eindeutig beantwortet werden, da die Definition eines „Rauchers" ein zu allgemeiner Begriff ist. Sind Gelegenheitsraucher den Rauchern zuzuordnen? Wie werden Mitarbeiter eingeordnet, die sich gerade das Rauchen abgewöhnen wollen?

Einen Ausweg aus der Notwendigkeit der Angabe exakter Grenzen bzw. exakter Beschreibungen von Mengen bietet die Betrachtung der in Abschnitt 2 definierten sogenannten „unscharfen Mengen".

Ähnliche Schwierigkeiten wie bei der Beschreibung und Charakterisierung von Mengen treten bei der Angabe von Messergebnissen auf. Selbst die als exakt geltenden Ergebnisse von Messungen sind mit Unschärfe behaftet. Genau genommen können die Ergebnisse von Messungen kontinuierlicher Größen nie als exakte Zahlen aufgefasst werden. Einige Gründe für das Vorliegen einer so genannten „Datenunschärfe" bei der Messung bzw. Bestimmung von Größen sollen im Folgenden anhand von Beispielen erläutert werden.

Beispiel 1: Unmöglichkeit der exakten Datenbestimmung

Der Verlust durch Schattenwirtschaft ist aufgrund unzugänglicher Informationen praktisch nicht exakt bestimmbar. Neben der Unmöglichkeit der Erfassung aller Daten ist auch hier die Fragestellung insofern problematisch, als der Begriff der Schattenwirtschaft nicht eindeutig festgelegt bzw. unterschiedlich interpretierbar ist.

Beispiel 2: Unterschiedliche Datenangaben

Häufig zeichnen verschiedene Anbieter desselben Produktes unterschiedliche Preise. Die Frage nach *dem* Preis kann deshalb nicht eindeutig beantwortet werden. Eindeutig bestimmt sind jedoch der maximale und der minimale Preis aller Anbieter. Die Angabe des Preises kann durch diese beiden Größen eingegrenzt bzw. beschrieben werden.

Beispiel 3: Beschränkte Genauigkeit der Messinstrumente

Alle Messgeräte zur Messung kontinuierlicher Größen, selbst Präzisionsmessgeräte, besitzen eine beschränkte, vom Hersteller angegebene Messgenauigkeit. Bei der Darstellung des Messergebnisses treten aufgrund der beschränkten Genauigkeit der Anzeige weitere Unschärfen im Messergebnis auf.

Digitale Messgeräte können aufgrund ihrer Anzeige nur endlich viele Werte darstellen. Bei der Messung einer stetigen Größe kommt es deshalb zwangsweise zu einer „Rundung" auf einen der anzeigbaren Werte. Abbildung 1.1 zeigt eine mögliche Anzeige eines Messergebnisses auf einem Messgerät mit 3 darstellbaren Nachkommastellen.

$$\boxed{0}\,\boxed{0}\,\boxed{4}\,\boxed{5}\,\boxed{3}.\boxed{1}\,\boxed{5}\,\boxed{2}$$

Abbildung 1.1. Digitale Anzeige eines Messergebnisses

Abhängig vom Rundungsverhalten des Messgerätes lässt sich für diese

Anzeige ein Intervall von in Frage kommenden Messwerten festlegen. Werden alle Zahlen ab der vierten Nachkommastelle vom Messgerät abgeschnitten, so führen alle Messwerte im Intervall $[453.15200, 453.15299]$ zur obigen Anzeige.

Noch deutlicher wird die Unschärfe bei analogen Messanzeigen sichtbar. In Abbildung 1.2 ist eine analoge Anzeige eines Messgerätes dargestellt.

Abbildung 1.2. Analoge Messanzeige

Die Anzeige erlaubt eine wertvolle Einschätzung der Größenordnung des Messergebnisses, in Abbildung 1.2 etwa 2.2, eine genauere Angabe des Messergebnisses auf Grundlage dieser Anzeige ist nicht möglich. Neben diesen Unsicherheiten im Ableseprozess ist bei analogen Anzeigen häufig eine Vibration des Zeigers zu beobachten, wodurch das Messergebnis mit einer zusätzlichen Ungewissheit behaftet ist.

Bei grafischen Anzeigen, beispielsweise dem Ergebnis einer Röntgenaufnahme oder einem gescannten Farbtonbild, ist bei genauerer Betrachtung häufig ein stufenweiser Farbintensitätsübergang zwischen den einzelnen Bereichen erkennbar.

Abbildung 1.3. Grauton-Übergang in gescannten Bildern

Für diese Bilder können die Grenzen des dargestellten Objektes nicht exakt festgelegt werden.

Beispiel 4: Fehlende objektive Werteskala
Der Wert von Realitäten oder Wertgegenständen wird von einzelnen Personen aufgrund verschiedener Einflüsse, beispielsweise einer persönlichen Bindung oder Sammlerleidenschaft, unterschiedlich festgelegt. Analog zu Beispiel 2 kann deshalb keine reelle Zahl als allgemein gültiger Wert des Objektes angegeben werden.

Selbstverständlich sind nicht alle Daten mit Unschärfe behaftet. Viele diskrete Werte, wie beispielsweise das Ergebnis eines Würfelwurfes, das Ergebnis der Zählung von Objekten oder der Kontostand, können exakt angegeben und als reelle Beobachtungen dargestellt werden. Allerdings sind aus verschiedenen oben angeführten Gründen, siehe die Beispiele 1, 2 und 4, auch häufig diskrete Werte nicht exakt bestimmbar bzw. können nicht adäquat durch eine exakte Zahl beschrieben werden. Beispiele dafür sind die Anzahl von Teilnehmern an Massenveranstaltungen. Allerdings auch die Ergebnisse von offiziellen Volkszählungen.

Neben den oben angeführten, meist durch den Mess- bzw. Bestimmungsvorgang verursachten Gründen für eine Unschärfe in den Daten liegt vielen Daten eine prinzipielle Datenunschärfe zugrunde. Beispiele für diese Art von Daten sind unter anderem:

Beispiel 5:

> Die Wirkungsdauer eines Medikamentes kann nicht sinnvoll durch eine einzige Zahl beschrieben werden, da die Wirkung nicht sprunghaft nachlässt, sondern vielmehr ein schleifender Übergang zwischen dem Wirken und dem Nichtwirken zu beobachten ist.

Beispiel 6:

> Der Brusthöhenumfang eines Baumes ist aufgrund natürlicher Unebenheiten an der Oberfläche unscharf und ist deshalb nicht sinnvoll durch eine reelle Zahl beschreibbar.

Die betrachteten Größen der oben angeführten Beispiele können nicht durch eine reelle Zahl charakterisiert, sondern bestenfalls durch eine obere und untere Schranke abgegrenzt werden. Die Angabe einer oberen und unteren Schranke beschreibt eine so genannte Intervallzahl, wobei eine Intervallzahl ein Spezialfall der im Abschnitt 2.2 definierten unscharfen Zahlen ist. In diesem Fall werden die Beobachtungen als unscharf bezeichnet.

1.1.1 Übungen

1. Finden Sie Beispiele unscharfer sprachlicher Information.
2. Überlegen Sie sich Beispiele unscharfer numerischer Daten, die nicht in diesem Abschnitt angeführt werden.

1.2 Stochastik und Unschärfe

In vielen Anwendungen können die betrachteten Größen nicht durch ein deterministisches Modell beschrieben werden. Vielmehr sind die konkreten Werte der einzelnen Beobachtungen vor Erhebung der Daten ungewiss. Dieser Ungewissheit wird in der Modellbildung durch die Verwendung stochastischer Modelle Rechnung getragen. Das Wort *Stochastik* wurde vom altgriechischen Begriff $\sigma\tau o\chi\alpha\sigma\tau\iota\kappa o\varsigma$, d.h. jemand, der im Vermuten geschickt ist, abgeleitet.

Lange Zeit wurde den Unsicherheiten in den Modellbildungen zur Beschreibung stetiger Größen ausschließlich eine rein stochastische Natur zugrundegelegt und durch die Verwendung von stochastischen Größen, auch Zufallsvariablen genannt – eine Einführung in die stochastische Modellbildung bietet [Vi03a] – berücksichtigt. Die in Abschnitt 1.1 beschriebene Datenunschärfe ist allerdings qualitativ verschieden von der Zufälligkeit und von systematischen Fehlern und wird in der stochastischen Modellbildung durch die stochastische Komponente nicht erfasst. Diese nichtstochastische Natur der Unschärfe wird unter anderem durch die in Abschnitt 1.1 angeführten Beispiele ersichtlich. Der Begriff der Datenunschärfe bezieht sich auf die Frage der Darstellung und Beschreibung *einer* Beobachtung. Sie kann durch Verwendung unscharfer Zahlen (siehe Abschnitt 2.2,) und unscharfer Vektoren (siehe Abschnitt 2.3) in die Modellbildung miteingebracht werden. Die Theorie der unscharfen Zahlen und unscharfen Vektoren ist dabei nicht als Widerpart zur Stochastik aufzufassen, sondern vielmehr als ein Konzept zur mathematischen Beschreibung und Behandlung nichtstochastischer Unsicherheit. Die Kombination *beider* Arten von Unsicherheit ermöglicht die Entwicklung realistischer Modelle.

Abbildung 1.4 zeigt den Zusammenhang von Stochastik und Unschärfe.

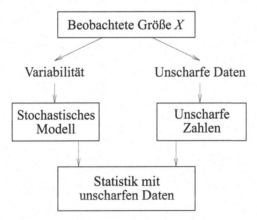

Abbildung 1.4. Zusammenhang von Stochastik und Unschärfe

1.2.1 Übungen

1. Führen Sie sich den Unterschied zwischen stochastischer Ungewissheit und der Unschärfe einzelner Beobachtungen vor Augen.

2. Überlegen Sie sich, wie Daten in Form von Intervallen entstehen können.

3. Welcher Unterschied besteht zwischen Fehlern und Unschärfe?

2

Mathematische Beschreibung von Unschärfe

2.1 Mathematische Grundlagen

Gemäß der Galilei'schen Devise und der Vorstellung von so genannten exakten Wissenschaften ist die quantitative Beschreibung von betrachteten Größen unbedingt notwendig. Meist geschieht dies mittels Zahlen.
Allerdings ist die Beschreibung von Messresultaten mit exakten Zahlen oft nicht problemadäquat. Wie übrigens auch die Trennung zwischen exakten Wissenschaften und anderen nicht scharf möglich und sinnvoll ist.

Die Beschreibung unscharfer Daten bzw. der Unschärfe allgemein erfolgt auf Grundlage einer Idee von Karl Menger (1902–1985), die zunächst über die klassische Mengentheorie hergeleitet wird: In der klassischen Mengentheorie ist jede Teilmenge A einer Menge M eindeutig durch ihre *Indikatorfunktion* $I_A \colon M \to \{0, 1\}$, definiert durch

$$I_A(x) = \left\{ \begin{array}{l} 1 \text{ für } x \in A \\ 0 \text{ für } x \notin A \end{array} \right\} \qquad \forall\, x \in M\,, \qquad (2.1)$$

charakterisiert. Bei der Festlegung der Menge A muss für jedes Element der Menge M eindeutig entschieden werden, ob es der Teilmenge A angehört oder nicht. In dieser Festlegung gibt es für die einzelnen Elemente der Menge M nur die beiden einander ausschließenden Entscheidungen „zur Menge A gehörend" und „nicht zur Menge A gehörend". Die in Abschnitt 1.1 angeführten Beispiele zeigen jedoch, dass in vielen Fällen eine strikte Trennung zwischen der Zugehörigkeit und der Nichtzugehörigkeit eines Elementes zu einer Menge bzw. die exakte Angabe der betrachteten Menge nicht sinnvoll oder nicht möglich ist.

Zur Verallgemeinerung von klassischen Mengen und des Konzeptes von Teilmengen publizierte Menger im Jahre 1951 die Idee unscharfer Mengen in seiner Arbeit [Me51] unter dem Begriff *ensembles flous*. Die Idee Mengers war es, nicht für jedes Element einer Grundmenge M mittels einer Ja/nein-Entscheidung festzulegen, ob es einer Teilmenge A angehört oder nicht, sondern eine stufenweise bzw. teilweise Zuteilung zu ermöglichen. Dies entspricht einer Verallgemeinerung von Indikatorfunktionen. Vierzehn Jahre später, im Jahre 1965, nannte L.A. Zadeh in seiner Arbeit [Za65] diese Art von Teilmengen *fuzzy sets* und die Verallgemeinerung der Indikatorfunktion *membership function*. Die entsprechenden deutschen Begriffe sind *unscharfe Mengen* bzw. *Zugehörigkeitsfunktion* .

Definition 2.1 *Eine* unscharfe Teilmenge $A^\star$ *einer Menge* M *wird durch ihre sogenannte* Zugehörigkeitsfunktion $\mu_{A^\star}(\cdot)$ *mit*

$$\mu_{A^\star} : M \to [0,1]$$

beschrieben und dargestellt. Eine unscharfe Teilmenge $A^\star$ *heißt normiert, falls*

$$\exists\, x \in M : \mu_{A^\star}(x) = 1\,.$$

Demnach sind für die Zugehörigkeit eines Elementes zu einer Menge nicht nur die Werte 0 oder 1, sondern jeder Wert im Intervall $[0,1]$ möglich. Für $x \in M$ beschreibt $\mu_{A^\star}(x)$ den *Grad der Zugehörigkeit* von x zur unscharfen Teilmenge $A^\star$. Eine Anwendung und Folgerung dieser Verallgemeinerung sind Aussagen im Sinne einer mehrwertigen Logik, in deren Zusammenhang auch der Begriff *Fuzzy Logik* entstanden ist.

Die in Abschnitt 1.1 betrachtete Menge „erhöhte Temperatur" könnte in dieser Verallgemeinerung eine in Abbildung 2.1 dargestellte Charakterisierung haben.

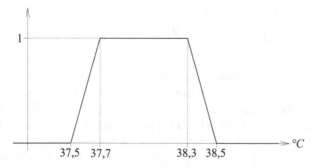

Abbildung 2.1. Charakterisierung der Menge „erhöhte Temperatur"

Abbildung 2.1 ist folgendermaßen zu interpretieren: Temperaturen zwischen den Werten $37.7\,^\circ\mathrm{C}$ und $38.3\,^\circ\mathrm{C}$ liegen mit Sicherheit (Zugehörigkeit 1) im Bereich „erhöhte Temperatur". Werte knapp unter oder über diesen beiden Grenzen können nicht mehr sicher dem Bereich zugerechnet werden, sind aber auch nicht gänzlich von diesem Bereich auszuschließen. Die Zugehörigkeit der Werte nimmt mit steigender Entfernung zu den beiden Grenzen ab. Werte unter 37.5 °C oder über 38.5 °C gehören nicht mehr dem Bereich an.

In Verallgemeinerung von Indikatorfunktionen (vergleiche dazu Beispiel 2 der Übungen) erklärte Zadeh auf einer Grundmenge M verallgemeinerte Mengen-operationen unscharfer Teilmengen $A^\star$ und $B^\star$ mit Zugehörigkeitsfunktionen $\mu_{A^\star}(\cdot)$ und $\mu_{B^\star}(\cdot)$ folgendermaßen:

a) Verallgemeinertes Komplement:

$$(A^\star)^c \mathrel{\widehat{=}} \mu_{(A^\star)^c} \qquad \text{mit} \qquad \mu_{(A^\star)^c}(x) = 1 - \mu_{A^\star}(x) \ \ \forall\, x \in M$$

b) Verallgemeinerter Durchschnitt:

$$\mu_{A^\star \cap B^\star}(x) := \min\left\{\mu_{A^\star}(x), \mu_{B^\star}(x)\right\} \ \ \forall\, x \in M$$

c) Verallgemeinerte Vereinigung:

$$\mu_{A^\star \cup B^\star}(x) := \max\left\{\mu_{A^\star}(x), \mu_{B^\star}(x)\right\} \ \ \forall\, x \in M$$

Die von Menger und Zadeh beschriebene Zugehörigkeitsfunktion ist allerdings sehr allgemein gehalten und für viele Untersuchungen, vor allem Untersu-chungen statistischer Natur, nicht geeignet. Beispielsweise ist die unscharfe Teilmenge $A^\star$ mit $\mu_{A^\star}(x) = \frac{1}{2}$ für alle $x \in M$, gleich ihrem Komplement:

$$\mu_{(A^\star)^c}(x) = 1 - \mu_{A^\star}(x) = 1 - \frac{1}{2} = \frac{1}{2} \qquad \forall\, x \in M\,.$$

Ein weiterer Nachteil der sehr allgemein gehaltenen Definition 2.1 und der verallgemeinerten Mengenoperationen a) bis c) ist, dass das Ergebnis von Operationen zweier normierter unscharfer Teilmengen nicht mehr normiert sein muss – im Extremfall sogar die leere Menge $\emptyset$ mit Zugehörigkeitsfunktion $\mu_\emptyset(x) = 0$ für alle $x \in M$ erhalten werden kann.

Deshalb wird in der vorliegenden Arbeit ein genauer umrissener Begriff für unscharfe Mengen verwendet. Das Konzept der unscharfen Mengen beinhal-tet als Spezialfälle die für die Beschreibung und Analyse der Unschärfe von Daten verwendeten und in Abschnitt 2.2 definierten so genannten unscharfen Zahlen und die in Abschnitt 2.3 definierten unscharfen Vektoren, mit deren Hilfe oftmals eine realistischere Beschreibung von Daten möglich ist.

2.1.1 Übungen

1. Zeigen Sie: Für eine beliebige klassische Menge M existiert eine eineindeu-tige Beziehung zwischen klassischen Teilmengen $A \subseteq M$ und zugehörigen Indikatorfunktionen $I_A(\cdot)$. Weiters gilt die folgende Beziehung:

$$A \subseteq B \quad \Longleftrightarrow \quad I_A(x) \le I_B(x) \quad \forall\, x \in M$$

2. Zeigen Sie für eine beliebige klassische Menge M die folgenden Beziehungen für zwei Teilmengen A und B (Mengenoperationen für Indikatoren):

a) Komplement:

$$I_{A^c}(x) = 1 - I_A(x) \;\; \forall \, x \in M$$

b) Durchschnitt:

$$I_{A \cap B}(x) = I_A(x) \cdot I_B(x) = \min\{I_A(x), I_B(x)\} \;\; \forall \, x \in M$$

c) Vereinigung:

$$I_{A \cup B}(x) = I_A(x) + I_B(x) - I_A(x) \cdot I_B(x)$$
$$= \max\{I_A(x), I_B(x)\} \;\;\;\;\; \forall \, x \in M$$

2.2 Unscharfe Zahlen

Eine adäquate Beschreibung unscharfer Messergebnisse eindimensionaler Größen ist durch die Verwendung von so genannten unscharfen Zahlen möglich. Im Allgemeinen wird eine unscharfe Zahl $x^\star$ mit Hilfe ihrer so genannten charakterisierenden Funktion $\xi_{x^\star}(\cdot)$ beschrieben und dargestellt.

Definition 2.2 *Eine reelle Funktion $\xi_{x^\star}(\cdot)$ heißt charakterisierende Funktion* einer *unscharfen Zahl $x^\star$, wenn sie folgende Bedingungen erfüllt:*

(1) $\xi_{x^\star} : \mathbb{R} \to [0,1]$

(2) $\forall \, \delta \in (0,1]$ *ist der so genannte δ-Schnitt $C_\delta(x^\star) := \{x \in \mathbb{R} : \xi_{x^\star}(x) \geq \delta\}$ ein endliches, nichtleeres und abgeschlossenes, d.h. kompaktes Intervall*

Zur formalen Unterscheidung von reellen Zahlen werden unscharfe Zahlen im Folgenden mit einem Stern „$\star$" gekennzeichnet.

Die Menge aller unscharfen Zahlen $x^\star$ wird mit $\mathcal{F}(\mathbb{R})$ bezeichnet.

Die Menge $Tr(x^\star) := \{x \in \mathbb{R} : \xi_{x^\star}(x) > 0\}$ wird *Träger* der charakterisierenden Funktion $\xi_{x^\star}(\cdot)$ bzw. der unscharfen Zahl $x^\star$ genannt.

Bemerkung 2.3 *Aus der Forderung eines nichtleeren Intervalls in Definition 2.2 (2) folgt, dass für jeden Wert $y \in [0,1]$ mindestens ein $x \in \mathbb{R}$ mit $\xi_{x^\star}(x) \geq y$ existiert.*

Charakterisierende Funktionen unterscheiden sich von Zadehs Definition einer Zugehörigkeitsfunktion durch die strengere Forderung bezüglich ihrer δ-Schnitte: Die δ-Schnitte von Zugehörigkeitsfunktionen müssen nicht notwendigerweise Intervalle sein. Außerdem können in der von Zadeh zugelassenen Allgemeinheit unscharfe Mengen mit ihrem Komplement identisch sein, was der Anschauung widerspricht.

Abbildung 2.2 zeigt eine charakterisierende Funktion mit einem eingezeichneten δ-Schnitt. In Abbildung 2.3 sind zwei weitere Beispiele charakterisierender Funktionen allgemeiner unscharfer Zahlen dargestellt.

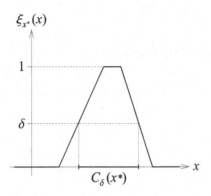

Abbildung 2.2. δ-Schnitt einer charakterisierenden Funktion

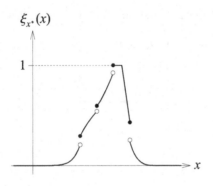

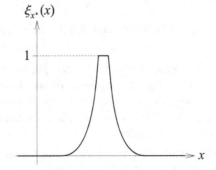

Abbildung 2.3. Charakterisierende Funktionen unscharfer Zahlen

Wie aus Definition 2.2 ersichtlich ist, sind reelle Zahlen und Intervalle Spezialfälle von unscharfen Zahlen. Mit Hilfe der Indikatorfunktion kann eine reelle
Zahl x_0 durch die charakterisierende Funktion $I_{\{x_0\}}(\cdot)$ (Abbildung 2.4) und ein
Intervall $[a, b]$ durch die charakterisierende Funktion $I_{[a,b]}(\cdot)$ (Abbildung 2.5)
dargestellt werden.

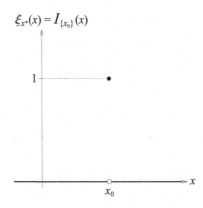

Abbildung 2.4. Indikatorfunktion der reellen Zahl x_0

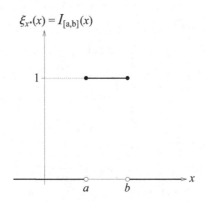

Abbildung 2.5. Indikatorfunktion des Intervalls $[a, b]$

Eine unscharfe Zahl ist vollständig durch die Familie $\big(C_\delta(x^\star); \delta \in (0,1]\big)$
ihrer δ-Schnitte bestimmt. Für den Beweis dieser Eigenschaft (Satz 2.5)
wird die in der folgenden Behauptung gezeigte Beziehung zwischen den
δ-Schnitten einer unscharfen Zahl benötigt. Diese Beziehung der δ-Schnitte
wird *Halbstetigkeit von oben* genannt.

Behauptung 2.4 *Die δ-Schnitte $C_\delta(x^\star)$ einer unscharfen Zahl sind geschach-*
telt, d.h., für $0 < \alpha \le \beta \le 1$ gilt $C_\beta(x^\star) \subseteq C_\alpha(x^\star)$ und für $\beta \in (0,1]$ gilt

$$C_\beta(x^\star) = \bigcap_{\alpha < \beta} C_\alpha(x^\star).$$

Beweis: Die Eigenschaft $C_\beta(x^\star) \subseteq C_\alpha(x^\star)$ für $0 < \alpha \leq \beta \leq 1$ folgt direkt aus der Definition der unscharfen Zahlen und damit

$$C_\beta(x^\star) \subseteq \bigcap_{\alpha < \beta} C_\alpha(x^\star).$$

Andererseits, falls $x \in C_\alpha(x^\star)$, d.h., $\xi_{x^\star}(x) \geq \alpha$, für alle $\alpha < \beta$, folgt $\xi_{x^\star}(x) \geq \beta$, da $\xi_{x^\star}(x)$ als Grenzwert keinesfalls kleiner als β sein kann. Somit folgt weiters $x \in C_\beta(x^\star)$, d.h.,

$$C_\beta(x^\star) \supseteq \bigcap_{\alpha < \beta} C_\alpha(x^\star).$$

$\diamond$

Mit Hilfe dieser Behauptung kann der so genannte Darstellungssatz für unscharfe Zahlen formuliert und bewiesen werden.

Satz 2.5 Darstellungssatz für unscharfe Zahlen
Die charakterisierende Funktion $\xi_{x^\star}(\cdot)$ einer unscharfen Zahl $x^\star$ ist eindeutig durch die Familie $\left(C_\delta(x^\star); \delta \in (0,1]\right)$ ihrer δ-Schnitte bestimmt, wobei gilt:

$$\xi_{x^\star}(x) = \max\left\{\delta \cdot I_{C_\delta(x^\star)}(x) \;\middle|\; \delta \in [0,1]\right\} \qquad \forall\, x \in \mathbb{R}.$$

Beweis: Für eine beliebige Zahl $x_0 \in \mathbb{R}$ gilt

$$\delta \cdot I_{C_\delta(x^\star)}(x_0) = \delta \cdot I_{\{x\,:\,\xi_{x^\star}(x)\geq\delta\}}(x_0) = \begin{cases} \delta & \text{falls } \xi_{x^\star}(x_0) \geq \delta \\ 0 & \text{falls } \xi_{x^\star}(x_0) < \delta \end{cases}.$$

Daraus folgt für alle $\delta \in [0,1]$,

$$\delta \cdot I_{C_\delta(x^\star)}(x_0) \leq \xi_{x^\star}(x_0)$$

und weiters

$$\sup\left\{\delta \cdot I_{C_\delta(x^\star)}(x_0) \;\middle|\; \delta \in [0,1]\right\} \leq \xi_{x^\star}(x_0).$$

Aufgrund von Behauptung 2.4 wird dieses Supremum angenommen. Für die spezielle Wahl $\delta_0 = \xi_{x^\star}(x_0)$ folgt

$$\delta_0 \cdot I_{C_{\delta_0}(x^\star)}(x_0) = \delta_0 \cdot I_{\{x:\,\xi_{x^\star}(x)\geq\delta_0\}}(x_0) = \delta_0 \cdot 1 = \xi_{x^\star}(x_0)$$

$$= \max\left\{\delta \cdot I_{C_\delta(x^\star)}(x_0) \;\middle|\; \delta \in [0,1]\right\}.$$

$\diamond$

Bemerkung 2.6 *Eine wichtige Folgerung des Darstellungssatzes für die praktische Arbeit mit unscharfen Zahlen ist, dass die Kenntnis von „hinreichend vielen" δ-Schnitten für eine brauchbare Beschreibung einer unscharfen Zahl ausreicht. Dies ist insbesondere für die interne Darstellung in Computerprogrammen hilfreich.*

Bemerkung 2.7 *Nicht jede Familie* $(A_\delta; \delta \in (0,1])$ *geschachtelter Interval-le, d.h.,* $A_\beta \subseteq A_\alpha$ *für* $0 < \alpha \leq \beta \leq 1$, *ist eine Familie von* δ-*Schnitten einer unscharfen Zahl.*

Als einfaches Beispiel zum Nachweis von Bemerkung 2.7 soll die Familie

$$A_\delta = \begin{cases} [1,2] & \text{für } 0.5 \leq \delta \leq 1 \\ [0,3] & \text{für } 0 < \delta < 0.5 \end{cases}$$

betrachtet werden. Für diese Familie existiert das Maximum an der Stelle 0.5, d.h. der Wert

$$\max \left\{ \delta \cdot I_{A_\delta}(0.5) \, \middle| \, \delta \in [0,1] \right\}$$

nicht. Der Grund liegt in der fehlenden oberen Halbstetigkeit der Familie $(A_\delta; \delta \in (0,1])$.

Bemerkung 2.8 *Für eine Familie* $(A_\delta; \delta \in (0,1])$ *geschachtelter Intervalle, d.h.,* $A_\beta \subseteq A_\alpha$ *für* $0 < \alpha \leq \beta \leq 1$, *ist die von dieser Familie erzeugte unschar-fe Zahl* $x^\star$ *über ihre charakterisierende Funktion* $\xi_{x^\star}(\cdot)$ *definiert.* $\xi_{x^\star}(\cdot)$ *wird dabei über eine Modifikation des Darstellungssatzes 2.5 auf die Form*

$$\xi_{x^\star}(x) = \sup \left\{ \delta \cdot I_{C_\delta(x^\star)}(x) \, \middle| \, \delta \in [0,1] \right\} \qquad \text{für alle } x \in \mathbb{R} \qquad (2.2)$$

berechnet. Für die durch (2.2) definierte unscharfe Zahl $x^\star$ *muss jedoch nicht notwendigerweise die Beziehung* $C_\delta(x^\star) = A_\delta$ *für alle* $\delta \in (0,1]$ *gelten, bei-spielsweise wenn die Familie* $(A_\delta; \delta \in (0,1])$ *nicht halbstetig von oben ist.*

Eine zur Definition 2.2 äquivalente Beschreibung charakterisierender Funktio-nen unscharfer Zahlen ist folgende:

Satz 2.9 *Eine reelle Funktion* $\xi_{x^\star} \colon \mathbb{R} \to [0,1]$ *mit den Eigenschaften*

(a) $\exists x_0 \in \mathbb{R} \colon \xi_{x^\star}(x_0) = 1$

(b) $\xi_{x^\star}(\cdot)$ *ist fuzzy-konvex, d.h.,* $\forall x_1, x_2 \in \mathbb{R}$ *und* $\lambda \in [0,1]$ *gilt*

$\xi_{x^\star}(\lambda x_1 + (1-\lambda)x_2) \geq \min\{\xi_{x^\star}(x_1), \xi_{x^\star}(x_2)\}$

(c) $\xi_{x^\star}(\cdot)$ *ist halbstetig von oben, d.h.,* $\forall x_0 \in \mathbb{R}$ *und jede Folge* $(x_n)_{n \in \mathbb{N}}$ *mit* $x_n \to x_0$ *gilt* $\lim_{x_n \to x_0} \xi_{x^\star}(x_n) \leq \xi_{x^\star}(x_0)$

(d) $\lim_{x \to -\infty} \xi_{x^\star}(x) = 0$ *und* $\lim_{x \to \infty} \xi_{x^\star}(x) = 0$

ist eine charakterisierende Funktion im Sinne von Definition 2.2.

Beweis: Forderung (1) aus Definition 2.2 ist aufgrund der vorausgesetzten Eigenschaft von $\xi_{x^\star}(\cdot)$ trivial erfüllt. Aus Bedingung (a) folgt, dass die δ-Schnitte für alle $\delta \in (0,1]$ nicht leer sind.

Mit der Definition $C_\delta(x^\star) := \{x \in \mathbb{R} \colon \xi_{x^\star}(x) \geq \delta\}$ und für zwei beliebige Wer-te $x_1 \in C_\delta(x^\star)$ und $x_2 \in C_\delta(x^\star)$ und $0 < \lambda < 1$ folgt aus (b):

$$\xi_{x^\star}(\lambda \cdot x_1 + (1-\lambda) \cdot x_2) \geq \min\{\xi_{x^\star}(x_1), \xi_{x^\star}(x_2)\} \geq \delta$$

und daraus

$$\lambda \cdot x_1 + (1 - \lambda) \cdot x_2 \in C_\delta(x^\star),$$

d.h., $C_\delta(x^\star)$ ist ein Intervall. Die Abgeschlossenheit von $C_\delta(x^\star)$ kann aus (c) abgeleitet werden: Für eine beliebige Folge $(x_n)_{n\in\mathbb{N}}$ mit $x_n \in C_\delta(x^\star)$, d.h., $\xi_{x^\star}(x_n) \geq \delta$ für alle $n \in \mathbb{N}$, und $x_n \to x_0$ gilt $\lim_{x_n\to x_0} \xi_{x^\star}(x_n) \geq \delta$. Mit (c) gilt $\lim_{x_n\to x_0} \xi_{x^\star}(x_n) \leq \xi_{x^\star}(x_0)$ und daraus folgt $\xi_{x^\star}(x_0) \geq \delta$, d.h., $C_\delta(x^\star)$ ist abgeschlossen. Wegen (d) ist $C_\delta(x^\star)$ für alle $\delta \in (0,1]$ beschränkt und damit Forderung (2) erfüllt. ◇

2.2.1 Darstellung spezieller unscharfer Zahlen

Eine wegen ihrer meist einfachen Handhabung häufig verwendete Darstellungsart von unscharfen Zahlen ist die Darstellung als so genannte *LR-unscharfe Zahlen*. Mit Hilfe zweier Funktionen $L : \mathbb{R}_0^+ \to [0,1]$ und $R : \mathbb{R}_0^+ \to [0,1]$ mit den Eigenschaften

1. $L(\cdot)$ und $R(\cdot)$ sind (stückweise) linksstetig
2. $L(0) = R(0) = 1$
3. $L(\cdot)$ und $R(\cdot)$ sind monoton nichtwachsend
4. $\lim_{x\to\infty} L(x) = 0$ und $\lim_{x\to\infty} R(x) = 0$,

kann die charakterisierende Funktion $\xi_{x^\star}(\cdot)$ einer unscharfen Zahl $x^\star$ in der Form

$$\xi_{x^\star}(x) = \begin{cases} L\left(\dfrac{m - s - x}{l}\right) & \text{für } x < m - s \\ 1 & \text{für } m - s \leq x \leq m + s \\ R\left(\dfrac{x - m - s}{r}\right) & \text{für } x > m + s \end{cases} \quad (2.3)$$

dargestellt werden, wobei $m \in \mathbb{R}, s \geq 0$ und $l, r > 0$. Der Parameter m wird der Mittelpunkt, l und r der linke und rechte Unschärfeparameter und $L(\cdot)$ bzw. $R(\cdot)$ die linke bzw. rechte Begrenzungsfunktion genannt. Für unscharfe Zahlen in LR-Darstellung wird die Kurzschreibweise $x^\star = \langle m, s, l, r \rangle_{LR}$ verwendet.
Zusätzlich wird für den Fall $l = 0$

$$L\left(\frac{m - s - x}{l}\right) = 0 \qquad \text{für } x < m - s$$

und für $r = 0$

$$R\left(\frac{x - m - s}{r}\right) = 0 \qquad \text{für } x > m + s$$

definiert.

Häufig verwendete unscharfe Zahlen in LR-Darstellung sind so genannte *trapezförmige unscharfe Zahlen* $t^\star(m, s, l, r)$ mit

$$L(x) = R(x) = \max\{0, 1 - x\}.$$

Die zugehörige charakterisierende Funktion lautet

$$\xi_{x^\star}(x) = \begin{cases} \dfrac{x - m + s + l}{l} & \text{für } m - s - l \leq x < m - s \\[2mm] 1 & \text{für } m - s \leq x \leq m + s \\[2mm] \dfrac{m + s + r - x}{r} & \text{für } m + s < x \leq m + s + r \\[2mm] 0 & \text{sonst} \end{cases}.$$

Die Bedeutung der einzelnen Parameter einer trapezförmigen unscharfen Zahl ist aus Abbildung 2.6 ersichtlich.

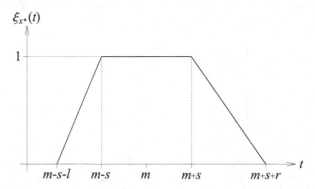

Abbildung 2.6. Charakterisierende Funktion einer trapezförmigen unscharfen Zahl

Einen Spezialfall der trapezförmigen unscharfen Zahlen bilden die *dreieckförmigen unscharfen Zahlen* $d^\star(m, l, r) := t^\star(m, 0, l, r)$, die *Intervallzahlen* $i^\star(m, s) := t^\star(m, s, 0, 0)$ und exakte reelle Zahlen $r = t^\star(r, 0, 0, 0)$.

Wie bereits erwähnt, liegt der Vorteil von LR-Darstellungen in der einfachen Handhabung. Das nachfolgende Lemma zeigt die einfache Berechnung und Darstellung der δ-Schnitte einer unscharfen Zahl in LR-Darstellung.

Lemma 2.1. *Die δ-Schnitte $C_\delta(x^\star)$ einer unscharfen Zahl können mit Hilfe der beiden pseudo-inversen Funktionen $L^{-1}(\delta) = \max\{x \in \mathbb{R} : L(x) \geq \delta\}$ und $R^{-1}(\delta) = \max\{x \in \mathbb{R} : R(x) \geq \delta\}$ in der Form*

$$C_\delta(x^\star) = \left[m - s - l\,L^{-1}(\delta),\; m + s + r\,R^{-1}(\delta) \right] \qquad \forall\, \delta \in (0, 1]$$

dargestellt werden.

Beweis: Die untere Grenze des δ-Schnittes $C_\delta(x^\star)$ wird durch den Wert $\min\{x : \xi_{x^\star}(x) \geq \delta\}$ bestimmt (das Minimum wird aufgrund der Abgeschlossenheit der δ-Schnitte angenommen). Aus der Darstellung (2.3) der charakterisierenden Funktion einer unscharfen Zahl in *LR*-Darstellung folgt für den Fall $l > 0$:

$$\min\{x : \xi_{x^\star}(x) \geq \delta\} = \min\left\{ x : L\left(\frac{m - s - x}{l}\right) \geq \delta \text{ und } x < m - s \right\}$$

$$= \min\left\{ x : \frac{m - s - x}{l} \leq L^{-1}(\delta) \text{ und } x < m - s \right\}$$

$$= \min\left\{ x : x \geq m - s - l\,L^{-1}(\delta) \text{ und } x < m - s \right\}$$

$$= m - s - l\,L^{-1}(\delta).$$

Der Nachweis für die obere Grenze erfolgt analog. ◇

Eine weitere wichtige Klasse von unscharfen Zahlen sind die so genannten *polygonförmigen unscharfen Zahlen*. Diese werden mit Hilfe einer Menge von Punkten durch $x^\star = \{(x_1, y_1 = 0), (x_2, y_2), \ldots, (x_m, y_m), (x_{m+1}, y_{m+1} = 0)\}$ dargestellt, wobei die zugehörige charakterisierende Funktion zwischen den Punkten (x_i, y_i) und (x_{i+1}, y_{i+1}), $i = 1\,(1)\,m$, linear wächst bzw. fällt und für alle $x \in \mathbb{R}$ mit $x < x_1$ oder $x > x_{m+1}$ gleich 0 ist. Abbildung 2.7 zeigt eine durch zehn Punkte definierte polygonförmige unscharfe Zahl.

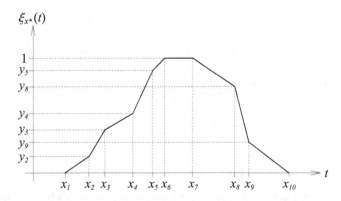

Abbildung 2.7. Polygonförmige unscharfe Zahl

Eine trapezförmige unscharfe Zahl $x^\star = t^\star(m, s, l, r)$ ist eine spezielle polygonförmige unscharfe Zahl, die durch vier Punkte

$$\{(x_1, 0), (x_2, 1), (x_3, 1), (x_4, 0)\}$$

beschrieben werden kann. Die Parameter der beiden Darstellungsarten stehen in folgender Beziehung:

a) $(m, s, l, r) \to (x_1, x_2, x_3, x_4) = (m - s - l, m - s, m + s, m + s + r)$

b) $(x_1, x_2, x_3, x_4) \to (m, s, l, r) = \left(\frac{x_2 + x_3}{2}, \frac{x_3 - x_2}{2}, x_2 - x_1, x_4 - x_3 \right)$

Alle in der Praxis auftretenden unscharfen Zahlen können durch polygonförmige unscharfe Zahlen praktisch „hinreichend" genau beschrieben werden, (Bemerkung 2.6). Ein für die Übersichtlichkeit häufig nützliches Verfahren ist die Reduktion der in der Darstellung einer polygonförmigen unscharfen Zahl verwendeten Punkte. Beispielsweise beschreiben die Punkte

$$\{(0, 0), (1, 0.2), (3, 0.6), (4, 0.8), (5, 1), (7, 1), (8, 0.5), (9, 0)\}$$

eine trapezförmige unscharfe Zahl $t^\star(6, 1, 5, 2)$, die einfacher durch die vier Punkte $\{(0, 0), (5, 1), (7, 1), (9, 0)\}$ beschrieben werden kann. Die restlichen vier Punkte können ohne Informationsverlust gestrichen werden. Die Reduktion der für die Darstellung verwendeten Punkte dient nicht nur der Übersichtlichkeit, sie vermindert auch den Rechenaufwand bei diversen Berechnungen.

Für die Vereinfachung ergeben sich allerdings einige praktische Schwierigkeiten: Welche Punkte können ohne oder mit geringem Informationsverlust gestrichen werden, ohne das Ergebnis zu sehr zu verändern? Dieses Problem ist äquivalent zur Frage, welche Punkte als auf einer Geraden liegend angesehen werden können und welche Punkte nicht. Als erster Ansatz kann für drei benachbarte Punkte $\{(x_k, y_k), (x_{k+1}, y_{k+1}), (x_{k+2}, y_{k+2})\}$ deren lineare Abhängigkeit untersucht werden (Abbildung 2.8).

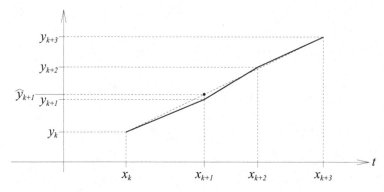

Abbildung 2.8. Vier Punkte einer polygonförmigen unscharfen Zahl

Dabei wird der Wert y_{k+1} des mittleren Punktes (x_{k+1}, y_{k+1}) mit dem auf der Geraden zwischen den Punkten (x_k, y_k) und (x_{k+2}, y_{k+2}) liegenden Wert $\widehat{y}_{k+1}$ verglichen. Die zur Berechnung verwendete Geradengleichung lautet

$$y(x) = \frac{y_{k+2} - y_k}{x_{k+2} - x_k} (x - x_k) + y_k \,.$$

Ein mögliches Kriterium für die Entscheidung, ob ein Punkt gestrichen werden kann, ist der Abstand zwischen den beiden Werten y_{k+1} und $\widehat{y}_{k+1}$. Für diese Entscheidung ist es zunächst sinnvoll, eine numerische Genauigkeit für die einzelnen Parameterwerte m, s, l, r bzw. $(x_i, y_i), i = 1(1)k$, zu wählen. Beispielsweise stellt die Angabe von vielen Nachkommastellen in den Parametern eine praktisch nicht zu erreichende Genauigkeit dar. Auf der Grundlage dieser Wahl kann ein Fehlermaß ε, z.B. $\varepsilon = 10^{-3}$, für den maximalen tolerierten Unterschied der beiden Werte y_{k+1} und $\widehat{y}_{k+1}$ festgelegt werden. Der Punkt (x_{k+1}, y_{k+1}) kann gestrichen werde, wenn die Differenz der beiden Werte kleiner als ε ist, d.h., wenn

$$|y_{k+1} - \widehat{y}_{k+1}| = \left| y_{k+1} - \frac{y_{k+2} - y_k}{x_{k+2} - x_k} (x_{k+1} - x_k) - y_k \right| \leq \varepsilon. \qquad (2.4)$$

Eine natürliche Vorgangsweise wäre es, nach dem Streichen des Punktes (x_{k+1}, y_{k+1}) dasselbe Verfahren auf die weiteren Punkte

$$\{(x_k, y_k), (x_{k+2}, y_{k+2}), (x_{k+3}, y_{k+3})\}$$

anzuwenden. Wird dieses Verfahren ohne ein zusätzliches Kriterien angewendet, führt dies in manchen Fällen, wie beispielsweise in der in Abbildung 2.9 dargestellten Situation, zu einem schlechten Ergebnis.

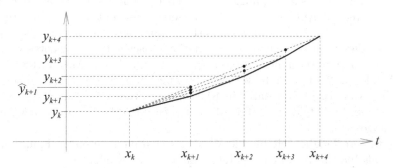

Abbildung 2.9. Ausschnitt einer polygonförmigen unscharfen Zahl

Wurde im ersten Schritt der Punkt (x_{k+1}, y_{k+1}) und im zweiten Schritt der Punkt (x_{k+2}, y_{k+2}) gestrichen, und liefert die Analyse der verbleibenden Punkte $\{(x_k, y_k), (x_{k+3}, y_{k+3}), (x_{k+4}, y_{k+4})\}$ das Ergebnis, dass auch der

Punkt (x_{k+3}, y_{k+3}) gestrichen werden kann, so ist es möglich, dass die Differenz zwischen y_{k+1} und dem auf der Geraden der verbleibenden Punkte (x_k, y_k) und (x_{k+3}, y_{k+3}) liegenden Wert $\widehat{y}_{k+1}$ (Abbildung 2.9) über der Toleranzgrenze ε liegt. In diesem Fall liegt also an der Stelle x_{k+1} ein zu großer Informationsverlust vor.

Eine annehmbare Vorgangsweise zur Vereinfachung einer polygonförmigen unscharfen Zahl ist folgende: Das oben beschriebene Verfahren mit der Betrachtung von jeweils drei (nach eventueller Streichung) nebeneinanderliegenden Punkten wird so lange durchgeführt, bis entweder einer der gestrichenen Punkte oder der mittlere der drei betrachteten Punkte nicht mehr ausreichend beschrieben wird, d.h. (2.4) nicht mehr erfüllt ist. In diesem Fall wird der mittlere der drei betrachteten Punkte nicht gestrichen.

2.2.2 Ermittlung charakterisierender Funktionen

In den praktischen Anwendungen stellt die Ermittlung und Konstruktion der charakterisierenden Funktionen der betrachteten unscharfen Größen, beispielsweise Messergebnisse von kontinuierlichen Größen, eine wichtige Aufgabe dar. Aufgrund der in Abschnitt 1.1 angedeuteten Vielfältigkeit der Ursache unscharfer Daten kann es allerdings keine allgemeine Vorschrift für die Konstruktion der charakterisierenden Funktionen geben. Vielmehr muss die Form der einzelnen charakterisierenden Funktionen in jedem Anwendungsfall einzeln überlegt werden. Die folgenden Beispiele sollen anhand konkreter Anwendungsfälle Anhaltspunkte für diese Überlegungen geben.

Beispiel 2.10 Wie bereits in Abschnitt 1.1, Beispiel 3, erwähnt, können digitale Messgeräte aufgrund ihrer begrenzten Anzeige nur endlich viele Werte, hier mit $\{w_1, \ldots, w_n\}$ bezeichnet, darstellen. Bei der Messung einer stetigen Größe kommt es deshalb zwangsweise zu einer „Rundung" auf einen der Werte w_i. Unter der Annahme, dass die Messergebnisse mit Werten im Intervall $I(w_i) = [\frac{w_{i-1}+w_i}{2}, \frac{w_i+w_{i+1}}{2})$ im Wesentlichen zu einer Anzeige des Wertes w_i führen – dieses Verhalten würde einer mathematischen Rundung entsprechen – kann die charakterisierende Funktion $\xi_{x^\star}(\cdot)$ des unscharfen Messwertes $x^\star$ wie in Abbildung 2.10 gewählt werden. Die Zugehörigkeit der Werte außerhalb des Intervalls $I(w_i)$ fällt dabei in Richtung der Werte w_{i-1} und w_{i+1} linear gegen 0 ab. In Abbildung 2.10 ist die entsprechende charakterisierende Funktion abgebildet.
Eine weitere Möglichkeit für die Wahl der charakterisierenden Funktion ist $\xi_{x^\star}(\cdot)$ als Indikatorfunktion des Intervalls $I(w_i)$ zu wählen.   ⋄

Beispiel 2.11 In Abschnitt 1.1, Beispiel 2, wurde bereits erwähnt, dass der Preis einer Ware häufig zwischen einzelnen Händlern variiert. In diesem Fall kann der Preis dieser Ware durch ein Intervall beschrieben werden. Die obere Grenze des Intervalls ist durch den höchsten und die untere Grenze durch den niedrigsten der genannten Preise festgelegt.   ⋄

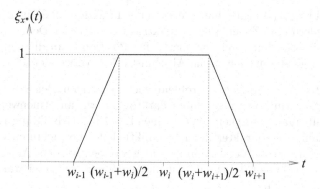

Abbildung 2.10. Charakterisierende Funktion einer Messung

Beispiel 2.12 Die genaue Betrachtung eines Punktes auf einem Oszilloskop zeigt eine hohe Lichtintensität in der Mitte und einen Abfall der Intensität am Rand des Punktes. Diese Lichtintensität kann zur Bestimmung der charakterisierenden Funktion der (unscharfen) Position entlang einer Achse verwendet werden. Für diese Bestimmung wird zunächst die Lichtintensität entlang der Achse als Funktion $h(\cdot)$ ermittelt. Als charakterisierende Funktion $\xi_{x^*}(\cdot)$ der Position kann die auf eins normierte Intensitätsfunktion herangezogen werden, d.h.,

$$\xi_{x^*}(x) = \frac{h(x)}{\max\left\{h(x) \mid x \in \mathbb{R}\right\}} \qquad \forall\, x \in \mathbb{R}.$$

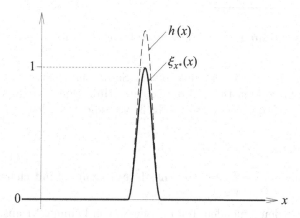

Abbildung 2.11. Konstruktion einer charakterisierenden Funktion

Allerdings muss die Intensitätsfunktion in der praktischen Anwendung aufgrund der beschränkten Genauigkeit der Messgeräte keine monotone Funktion wie in Abbildung 2.11 sein, sondern sie kann Einbuchtungen aufweisen. In diesem Fall ist $\xi_{x^\star}(\cdot)$ keine charakterisierende Funktion im Sinne der Definition 2.2, sondern eine Zugehörigkeitsfunktion im Sinne der Definition 2.1. Als charakterisierende Funktion der unscharfen Position kann die konvexe Hülle der Zugehörigkeitsfunktion (siehe Abschnitt 2.5.2) verwendet werden.   ◇

Beispiel 2.13 Ein ähnliches Problem wie im vorigen Beispiel ergibt sich bei der Betrachtung von gescannten Farbtonbildern mit stufenweisem Farbintensitätsübergang zwischen den einzelnen Bereichen (Abbildung 1.3). In diesem Fall kann die charakterisierende Funktion der betrachteten Größe wieder durch Normierung der Farbintensität gewonnen werden. Abbildung 2.12 zeigt ein Beispiel einer dabei entstehenden treppenförmigen charakterisierenden Funktion $\xi_{x^\star}(\cdot)$.

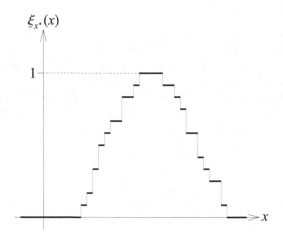

Abbildung 2.12. Stufenweiser Farbintensitätsübergang

Ist $\xi_{x^\star}(\cdot)$ eine Zugehörigkeitsfunktion im Sinne der Definition 2.1, so kann äquivalent zum vorigen Beispiel die konvexe Hülle von $\xi_{x^\star}(\cdot)$ als charakterisierende Funktion der betrachteten Größe verwendet werden.   ◇

2.2.3 Übungen

1. Bestimmen Sie die δ-Schnitte einer Intervallzahl $x^\star$ mit charakterisierender Funktion $\xi_{x^\star}(x) = I_{[a,b]}(x), \forall x \in \mathbb{R}$.

2. Führen Sie den fehlenden Teil im Beweis von Lemma 2.1 aus.

3. Berechnen Sie die δ-Schnitte einer trapezförmigen unscharfen Zahl $x^\star = t^\star(m, s, l, r)$.

2.3 Unscharfe Vektoren

Zur Beschreibung von mehrdimensionalen unscharfen Beobachtungen dienen so genannte unscharfe Vektoren $x^\star$. Diese werden mit Hilfe von vektorcharakterisierenden Funktionen $\xi_{x^\star}(\cdot, \ldots, \cdot)$ beschrieben und dargestellt.

Definition 2.14 *Eine Funktion $\xi_{x^\star}(\cdot, \ldots, \cdot)$ von n reellen Variablen heißt* vektorcharakterisierende Funktion *eines n-dimensionalen unscharfen Vektors $x^\star$, wenn sie folgende Bedingungen erfüllt:*

(1) $\xi_{x^\star} : \mathbb{R}^n \to [0, 1]$

(2) $\forall\, \delta \in (0, 1]$ *ist der so genannte δ-Schnitt $C_\delta(x^\star) := \{x \in \mathbb{R}^n : \xi_{x^\star}(x) \geq \delta\}$ eine nichtleere einfach zusammenhängende und kompakte Teilmenge des $\mathbb{R}^n$*

Zur formalen Unterscheidung von reellen Vektoren werden unscharfe Vektoren im Folgende mit einem Stern „$\star$" gekennzeichnet.

Die Menge aller unscharfen Vektoren wird mit $\mathcal{F}(\mathbb{R}^n)$ bezeichnet.

Die Menge $Tr(x^\star) := \{x \in \mathbb{R}^n : \xi_{x^\star}(x) > 0\}$ wird *Träger* der vektorcharakterisierenden Funktion $\xi_{x^\star}(\cdot, \ldots, \cdot)$ und des unscharfen Vektors $x^\star$ genannt.

Bemerkung 2.15 *In der Literatur finden sich verschiedene Definitionen für die Form der δ-Schnitte unscharfer Vektoren. Einige Autoren verlangen als δ-Schnitte sternförmige und kompakte, andere Autoren konvexe und kompakte Teilmengen des $\mathbb{R}^n$. Die Menge aller unscharfen Vektoren mit konvexen und kompakten δ-Schnitten wird mit $\mathcal{F}_c(\mathbb{R}^n)$ bezeichnet.*

Bemerkung 2.16 *Aus der Forderung einer nichtleeren einfach zusammenhängenden und kompakten Teilmenge in Definition 2.14 (2) folgt, dass für jeden Wert $y \in [0, 1]$ mindestens ein $x \in \mathbb{R}^n$ mit $\xi_{x^\star}(x) = y$ existiert.*

In Abbildung 2.13 ist die vektorcharakterisierende Funktion $\xi_{x^\star}(\cdot, \cdot)$ eines zweidimensionalen unscharfen Vektors $x^\star$ mit eingezeichnetem δ-Schnitt dargestellt.

Wie aus Definition 2.14 ersichtlich ist, sind Vektoren mit reellen Einträgen und n-dimensionale Intervalle Spezialfälle von unscharfen Vektoren. Mit Hilfe der Indikatorfunktion kann ein reeller 2-dimensionaler Vektor $x_0 = (x_{0,1}, x_{0,2})$ durch die vektorcharakterisierende Funktion $\xi_{x_0}(\cdot, \cdot) = I_{\{x_0\}}(\cdot, \cdot)$ und ein 2-dimensionales Intervall $[a_1, b_1] \times [a_2, b_2]$ durch die vektorcharakterisierende Funktion $I_{[a_1, b_1] \times [a_2, b_2]}(\cdot, \cdot)$ (Abbildung 2.14) dargestellt werden.

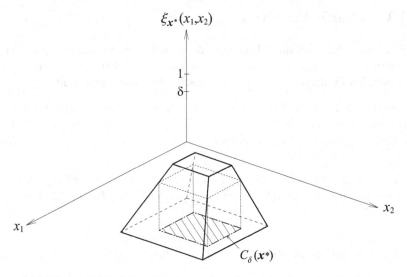

Abbildung 2.13. δ-Schnitt einer vektorcharakterisierenden Funktion

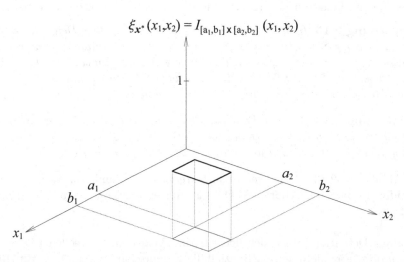

Abbildung 2.14. Indikatorfunktion des 2-dimensionalen Rechtecks $[a_1, b_1] \times [a_2, b_2]$

Satz 2.17 Darstellungssatz für unscharfe Vektoren

Die vektorcharakterisierende Funktion $\xi_{x^\star}(\cdot, \ldots, \cdot)$ eines unscharfen Vektors $x^\star$ ist eindeutig durch die Familie $\big(C_\delta(x^\star); \delta \in (0, 1]\big)$ ihrer δ-Schnitte bestimmt, wobei gilt:

$$\xi_{x^\star}(x) = \max\Big\{\delta \cdot I_{C_\delta(x^\star)}(x) \;\Big|\; \delta \in [0, 1]\Big\} \qquad \forall\, x \in \mathbb{R}^n.$$

Beweis: Eine der Behauptung 2.4 entsprechende Aussage gilt auch für unscharfe Vektoren x^*. Die Beweise dieser Behauptung und des Satzes verlaufen analog zu dem der Behauptung 2.4 bzw. jenem von Satz 2.5.   ◇

2.3.1 Ermittlung vektorcharakterisierender Funktionen

Äquivalent zum Abschnitt 2.2.2 stellt die Ermittlung und Konstruktion der vektorcharakterisierenden Funktionen einer betrachteten mehrdimensionalen Größe in der praktischen Anwendung eine wichtige Aufgabe dar. Allerdings kann es auch in diesem Fall aufgrund der vielfältigen Ursachen unscharfer Daten keine allgemeine Vorschrift für die Konstruktion der vektorcharakterisierenden Funktionen geben. Auch hier muss die Form der einzelnen vektorcharakterisierenden Funktionen in jedem Anwendungsfall einzeln überlegt werden. In vielen Fällen geben die für eindimensionale Größen in Abschnitt 2.2.2 angeführten Beispiele Anhaltspunkte für die Überlegungen zur Konstruktion der vektorcharakterisierenden Funktionen.

Beispiel 2.18 Fortführung von Beispiel 2.12:
Die vektorcharakterisierende Funktion $\xi_{x^*}(\cdot,\cdot)$ der unscharfen Position in der (x,y)-Ebene kann durch Normierung der Lichtintensität, als zweidimensionale Funktion $h(\cdot,\cdot)$ aufgefasst, ermittelt werden:

$$\xi_{x^*}(x,y) = \frac{h(x,y)}{\max\left\{\, h(x,y) \mid (x,y) \in \mathbb{R}^2 \,\right\}} \qquad \forall\, (x,y) \in \mathbb{R}^2\,.$$

Allerdings muss die normierte Intensitätsfunktion in der praktischen Anwendung aufgrund der beschränken Genauigkeit der Messgeräte keine vektorcharakterisierende Funktion eines unscharfen Vektors nach Definition 2.14, sondern kann eine Zugehörigkeitsfunktion nach Definition 2.1 sein. In diesem Fall kann als vektorcharakterisierende Funktion der unscharfen Position der einhüllende unscharfe Vektor einer Zugehörigkeitsfunktion (siehe Abschnitt 2.5.1) oder die konvexe Hülle der Zugehörigkeitsfunktion (siehe Abschnitt 2.5.2) verwendet werden.   ◇

Eine weitere Möglichkeit zur Konstruktion vektorcharakterisierender Funktionen ist die Bestimmung einer charakterisierenden Funktion für jeden im Vektor enthaltenen Eintrag, im Beispiel 2.18 wäre dies die Bestimmung einer charakterisierenden Funktion für die Intensität entlang der x-Achse und einer charakterisierenden Funktion für die Intensität entlang der y-Achse, und die anschließende Kombination zu einem unscharfen Vektor mittels einer Kombinationsregel (siehe Abschnitt 2.4). Diese Vorgangsweise hat allerdings gravierende Nachteile gegenüber der direkten Bestimmung einer vektorcharakterisierenden Funktion: Die Bestimmung der charakterisierenden Funktion einer einzelnen Dimension eines Vektors erfolgt meist unter festen Werten der anderen Dimensionen, in Beispiel 2.18 etwa die Bestimmung der charakterisierenden Funktion für die Intensität entlang der x-Achse für festen (reellen)

Wert y. Die einzelnen charakterisierenden Funktionen enthalten somit weniger Information und erfassen somit nicht die gesamte Struktur des unscharfen Vektors.

2.3.2 Übungen

1. Ist die folgende Aussage (Verallgemeinerung von Satz 2.9) richtig?
   Eine reelle Funktion $\xi_{x^\star} : \mathbb{R}^n \to [0,1]$ von n Variablen mit den Eigenschaften

   (a) $\exists\, x_0 \in \mathbb{R}^n : \xi_{x^\star}(x_0) = 1$

   (b) $\xi_{x^\star}(\cdot, \ldots, \cdot)$ *ist fuzzy-konvex, d.h.,* $\forall\, x_1, x_2 \in \mathbb{R}^n$ *und* $\lambda \in [0,1]$ *gilt*
   $$\xi_{x^\star}(\lambda x_1 + (1-\lambda)x_2) \geq \min\{\xi_{x^\star}(x_1), \xi_{x^\star}(x_2)\}$$

   (c) $\xi_{x^\star}(\cdot, \ldots, \cdot)$ *ist halbstetig von oben, d.h.* $\forall\, x_0 \in \mathbb{R}^n$ *und jede Folge*
   $(x_n)_{n \in \mathbb{N}}$ *mit* $x_n \to x_0$ *gilt* $\lim_{x_n \to x_0} \xi_{x^\star}(x_n) \leq \xi_{x^\star}(x_0)$

   (d) $\lim_{|x| \to \infty} \xi_{x^\star}(x) = 0$

   ist eine vektorcharakterisierende Funktion im Sinne von Definition 2.14. Ist diese Beschreibung eines unscharfen Vektors äquivalent zu Definition 2.14, d.h., erfüllt jeder unscharfe Vektor nach Definition 2.14 die obigen Eigenschaften (a) bis (d)?

2. Überlegen Sie sich, dass ein Vektor unscharfer Zahlen kein unscharfer Vektor ist.

2.4 Kombination unscharfer Beobachtungen

Im Falle reeller Zahlen $x_1, \ldots, x_n \in \mathbb{R}$ können diese in einfacher Weise zu einem n-dimensionalen Vektor $x = (x_1, \ldots, x_n) \in \mathbb{R}^n$ zusammengefasst werden. Für unscharfe Zahlen $x_1^\star, \ldots, x_n^\star \in \mathcal{F}(\mathbb{R})$ mit charakterisierenden Funktionen $\xi_{x_1^\star}(\cdot), \ldots, \xi_{x_n^\star}(\cdot)$ ist eine Zusammenfassung zu einem unscharfen Vektor $x^\star$ nicht auf diese einfache Weise möglich. Der Vektor $(x_1^\star, \ldots, x_n^\star)$ ist kein unscharfer Vektor im Sinne von Definition 2.14, sondern ein Vektor, der n unscharfe Zahlen enthält. Dies ist am einfachsten dadurch ersichtlich, dass $(x_1^\star, \ldots, x_n^\star)$, als Funktion aufgefasst, eine Abbildung $\mathbb{R}^n \to \mathbb{R}^n$ und nicht wie im Falle eines unscharfen Vektors eine Funktion $\mathbb{R}^n \to \mathbb{R}$ ist. Zur Verallgemeinerung von statistischen Verfahren für den Fall unscharfer Daten ist die Kombination unscharfer Zahlen zu einem unscharfen Vektor notwendig. Deshalb wird eine Vorschrift benötigt, mit deren Hilfe die n charakterisierenden Funktionen $\xi_{x_1^\star}(\cdot), \ldots, \xi_{x_n^\star}(\cdot)$ zu einer vektorcharakterisierenden Funktion $\xi_{x^\star}(\cdot, \ldots, \cdot)$ eines unscharfen Vektors $x^\star$ kombiniert werden können. Eine solche Vorschrift wird als *Kombinationsregel* $K_n : [0,1]^n \to [0,1]$ bezeichnet.

Folgende drei Bedingungen werden an eine Kombinationsregel gestellt:

1. Für n charakterisierende Funktionen $\xi_{x_1^*}(\cdot), \ldots, \xi_{x_n^*}(\cdot)$ ist die durch

$$\xi_{\boldsymbol{x}^*}(x_1, \ldots, x_n) := K_n\left(\xi_{x_1^*}(x_1), \ldots, \xi_{x_n^*}(x_n)\right) \qquad \forall\, (x_1, \ldots, x_n) \in \mathbb{R}^n$$

definierte Funktion $\xi_{\boldsymbol{x}^*}(\cdot, \ldots, \cdot)$ eine vektorcharakterisierende Funktion im Sinne von Definition 2.14.

2. $K_1(\cdot)$ ist die identische Abbildung auf $[0, 1]$, d.h.,

$$K_1\left(\xi_{\boldsymbol{x}^*}(x)\right) = \xi_{\boldsymbol{x}^*}(x) \qquad \forall\, x \in \mathbb{R}.$$

3. Für abgeschlossene Intervalle $[a_i, b_i]$, $i = 1\,(1)\,n$, mit $a_i \leq b_i$ und für alle Vektoren $(x_1, \ldots, x_n) \in \mathbb{R}^n$ ist

$$K_n\left(I_{[a_1, b_1]}(x_1), \ldots, I_{[a_n, b_n]}(x_n)\right) = I_{[a_1, b_1] \times \ldots \times [a_n, b_n]}(x_1, \ldots, x_n).$$

Kombinationsregeln basieren auf so genannten, ebenfalls von K. Menger eingeführten, t-Normen.

Definition 2.19 *Eine Funktion* $T : [0, 1]^2 \to [0, 1]$ *wird t-Norm genannt, falls für alle* $x, y, z \in [0, 1]$ *folgende Bedingungen erfüllt sind:*

(T1) $T(x, y) = T(y, x)$ \qquad *(Kommutativität)*
(T2) $T\big(T(x, y), z\big) = T\big(x, T(y, z)\big)$ \qquad *(Assoziativität)*
(T3) $T(x, 1) = x$ \qquad *(Einselement)*
(T4) $x \leq y \Rightarrow T(x, z) \leq T(y, z)$ \qquad *(Monotonie)*

In der Literatur sind eine Vielzahl von t-Normen zu finden. Die wichtigsten sind:

a) Minimum:

$$T(x, y) = \min\{x, y\} \qquad \forall\, x, y \in [0, 1]$$

b) Algebraisches Produkt:

$$T(x, y) = x \cdot y \qquad \forall\, x, y \in [0, 1]$$

c) Beschränktes Produkt:

$$T(x, y) = \max\{x + y - 1, 0\} \qquad \forall\, x, y \in [0, 1]$$

d) Drastisches Produkt:

$$T(x, y) = \begin{cases} \min\{x, y\} & \text{für } x = 1 \text{ oder } y = 1 \\ 0 & \text{sonst} \end{cases} \qquad \forall\, x, y \in [0, 1]$$

Bemerkung 2.20 *Aus Definition 2.19 (T3) und (T4) folgt für alle $x \in [0,1]$ und für jede t-Norm T der Zusammenhang $x = T(x,1) \geq T(x,x)$. Eine wichtige und interessante Frage in diesem Zusammenhang ist: Gibt es eine t-Norm, welche die Gleichheit $x = T(x,x)$ für alle $x \in [0,1]$ erfüllt, also im gewissen Sinne eine „maximale" t-Norm darstellt? Diese t-Norm erfüllt für alle $x,y \in [0,1]$ mit $x \leq y$ auch die Beziehung*

$$x \leq T(x,x) \leq T(x,y) \leq T(x,1) = x = \min\{x,y\}$$

und damit $T(x,y) = \min\{x,y\}$. Die Minimum-Kombinationsregel ist somit die gesuchte maximale t-Norm.

Allgemein lässt sich für alle t-Normen $T(\cdot,\cdot)$ folgende Beziehung ableiten:

$$x \cdot y \leq T(x,y) \leq \min\{x,y\} \qquad \forall\, x,y \in [0,1]\,.$$

Einen ausführlichen Überblick über t-Normen bietet das Buch [KMP00].

Aufgrund der Assoziativität von t-Normen ist es möglich, Kombinationsregeln durch eine t-Norm T auf folgende Weise aufzubauen:

$$K_1\big(\xi_{x^\star}(x)\big) = T\big(\xi_{x^\star}(x),1\big)$$
$$K_n\big(\xi_{x_1^\star}(x_1),\ldots,\xi_{x_n^\star}(x_n)\big) = T\Big(\xi_{x_1^\star}(x_1), T\big(\ldots,T\big(\xi_{x_{n-1}^\star}(x_{n-1}),\xi_{x_n^\star}(x_n)\big)\ldots\big)\Big)$$

Allerdings erzeugt die auf diese Weise definierte Kombination n unscharfer Zahlen nicht für alle in der Literatur zu findenden t-Normen einen unscharfen Vektor im Sinne der Definition 2.14.

Die am häufigsten verwendete t-Norm ist $T(x,y) = \min\{x,y\}$, woraus die *Minimum-Kombinationsregel* $K_n(x_1,\ldots,x_n) = \min\{x_1,\ldots,x_n\}$ folgt. Für den aus n unscharfen Zahlen $x_1^\star,\ldots,x_n^\star$ mit zugehörigen charakterisierenden Funktionen $\xi_{x_1^\star}(\cdot),\ldots,\xi_{x_n^\star}(\cdot)$ kombinierten Vektor $\boldsymbol{x}_{\min}^\star$ berechnen sich die Funktionswerte der vektorcharakterisierenden Funktion $\xi_{\boldsymbol{x}_{\min}^\star}(\cdot,\ldots,\cdot)$ durch

$$\xi_{\boldsymbol{x}_{\min}^\star}(x_1,\ldots,x_n) = \min\Big\{\xi_{x_i^\star}(x_i)\ \Big|\ i=1(1)n\Big\} \qquad \forall\, (x_1,\ldots,x_n) \in \mathbb{R}^n\,.$$

Satz 2.21 *Werden n unscharfe Zahlen $x_1^\star,\ldots,x_n^\star$ mit zugehörigen charakterisierenden Funktionen $\xi_{x_1^\star}(\cdot),\ldots,\xi_{x_n^\star}(\cdot)$ mit Hilfe der Minimum-Kombinationsregel zu einem unscharfen Vektor $\boldsymbol{x}_{\min}^\star$ kombiniert, so ist der δ-Schnitt $C_\delta(\boldsymbol{x}_{\min}^\star)$ des unscharfen Vektors $\boldsymbol{x}_{\min}^\star$ das cartesische Produkt der δ-Schnitte $C_\delta(x_i^\star)$ der n unscharfen Zahlen $x_i^\star$, d.h.,*

$$C_\delta(\boldsymbol{x}_{\min}^\star) = C_\delta(x_1^\star) \times C_\delta(x_2^\star) \times \ldots \times C_\delta(x_n^\star) \qquad \forall\, \delta \in (0,1]\,.$$

Beweis: Für alle $\delta \in (0,1]$ ist

$$C_\delta(\boldsymbol{x}_{\min}^\star) = \left\{ \boldsymbol{x} \in \mathbb{R}^n : \xi_{\boldsymbol{x}_{\min}^\star}(\boldsymbol{x}) \geq \delta \right\}$$

$$= \left\{ (x_1,\ldots,x_n) \in \mathbb{R}^n : \min_{i=1(1)n} \xi_{x_i^\star}(x_i) \geq \delta \right\}$$

$$= \left\{ \boldsymbol{x} \in \mathbb{R}^n : \xi_{x_i^\star}(x_i) \geq \delta \; \forall i = 1(1)n \right\}$$

$$= \underset{i=1}{\overset{n}{\times}} \left\{ x_i \in \mathbb{R} : \xi_{x_i^\star}(x_i) \geq \delta \right\} = \underset{i=1}{\overset{n}{\times}} C_\delta(x_i^\star).$$

$\diamond$

In Abbildung 2.15 ist die Kombination zweier trapezförmiger unscharfer Zahlen zu einem unscharfen Vektor unter Verwendung der Minimum-Kombinationsregel dargestellt.

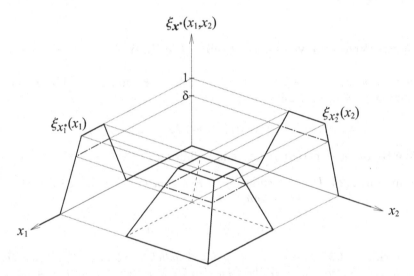

Abbildung 2.15. Kombination zweier unscharfer Zahlen mittels Minimum-Kombinationsregel

Bemerkung 2.22 *Die Minimum-Kombinationsregel hat neben der Möglichkeit der sehr einfachen Berechnung der δ-Schnitte viele Vorzüge gegenüber anderen Kombinationsregeln. Ein wesentlicher Vorteil ist das natürlich erscheinende Verhalten bei der Bildung von Mittelwerten (näheres siehe Bemerkung 2.33 nach der Definition von mathematischen Operationen für unscharfe Zahlen). Aus diesem Grund wird in weiterer Folge nur mehr die Minimum-Kombinationsregel betrachtet und der die Kombinationsregel beschreibende Index nicht mehr explizit angeführt.*

Bemerkung 2.23 *Die Kombination unscharfer Vektoren $\boldsymbol{x}_1^\star,\ldots,\boldsymbol{x}_k^\star \in \mathcal{F}(\mathbb{R}^n)$ mit vektorcharakterisierenden Funktionen $\xi_{\boldsymbol{x}_1^\star}(\cdot,\ldots,\cdot),\ldots,\xi_{\boldsymbol{x}_k^\star}(\cdot,\ldots,\cdot)$ zu*

einem unscharfen Vektor $\boldsymbol{y}^\star \in \mathcal{F}\left(\mathbb{R}^{kn}\right)$ mit vektorcharakterisierender Funktion $\xi_{\boldsymbol{y}^\star}(\cdot,\ldots,\cdot)$ erfolgt ebenfalls mit Hilfe der Minimum-Kombinationsregel durch

$$\xi_{\boldsymbol{y}^\star}(\boldsymbol{y}) = \min\left\{\xi_{\boldsymbol{x}_1^\star}(\boldsymbol{x}_1),\ldots,\xi_{\boldsymbol{x}_k^\star}(\boldsymbol{x}_k)\right\} \qquad \forall\,\boldsymbol{y} = (\boldsymbol{x}_1,\ldots,\boldsymbol{x}_k) \in \mathbb{R}^{kn}.$$

2.4.1 Übungen

1. Berechnen Sie die δ-Schnitte des aus den beiden unscharfen Zahlen $x_1^\star = t^\star(2,0,1,1)$ und $x_2^\star = t^\star(3,1,1,1)$ mittels der Minimum-Kombinationsregel erzeugten unscharfen Vektors $\boldsymbol{x}^\star$.

2. Zeigen Sie, dass durch die in Bemerkung 2.23 beschriebene Kombination von unscharfen Vektoren wieder eine vektorcharakterisierende Funktion entsteht.

2.5 Funktionen von unscharfen Größen

Für zwei beliebige Mengen $M_1 \subseteq \mathbb{R}^n$ und $M_2 \subseteq \mathbb{R}^n$ mit $M_1 \subseteq M_2$ und einer Funktion $f : \mathbb{R}^n \to \mathbb{R}_0^+$ gilt

$$\sup\left\{f(\boldsymbol{x}) \mid \boldsymbol{x} \in M_1\right\} \leq \sup\left\{f(\boldsymbol{x}) \mid \boldsymbol{x} \in M_2\right\}.$$

Diese Beziehung rechtfertigt folgende Definition.

Definition 2.24 *Das Supremum einer Funktion $f : \mathbb{R}^n \to \mathbb{R}_0^+$ über der leeren Menge $\emptyset \subseteq \mathbb{R}^n$ wird als 0 definiert, d.h.,*

$$\sup\left\{f(\boldsymbol{x}) \mid \boldsymbol{x} \in \emptyset\right\} := 0.$$

Bemerkung 2.25 *Wie in der Mathematik üblich, wird für eine beliebige Teilmenge $A \subseteq \mathbb{R}^n$ und eine reellwertige Funktion $f : \mathbb{R}^n \longrightarrow \mathbb{R}^k$ der Ausdruck $f(A)$ durch*

$$f(A) = \{f(\boldsymbol{x}) \mid \boldsymbol{x} \in \mathbb{R}^n\}$$

definiert.

Damit statistische Methoden, die vorwiegend Funktionen von Beobachtungen $x_1,\ldots,x_n$ beinhalten, sinnvoll auf den Fall unscharfer Beobachtungen erweitert werden können, muss eine geeignete Erweiterung für Funktionen unscharfer Zahlen entwickelt werden. Als Grundlage dieser Erweiterung dient das so genannte *Erweiterungsprinzip* aus der Theorie unscharfer Mengen („fuzzy set theory").

Definition 2.26 Erweiterungsprinzip

Für eine reelle Funktion $f : \mathbb{R}^n \to \mathbb{R}^k$ ist die Zugehörigkeitsfunktion $\xi_{\boldsymbol{y}^\star}(\cdot, \ldots, \cdot)$ des unscharfen Funktionswertes $\boldsymbol{y}^\star = f(\boldsymbol{x}^\star)$ für einen unscharfen Vektor $\boldsymbol{x}^\star$ mit vektorcharakterisierender Funktion $\xi_{\boldsymbol{x}^\star}(\cdot, \ldots, \cdot)$ für alle $\boldsymbol{y} \in \mathbb{R}^k$ definiert durch

$$\xi_{\boldsymbol{y}^\star}(\boldsymbol{y}) := \left\{ \begin{array}{cl} \sup \{\xi_{\boldsymbol{x}^\star}(\boldsymbol{x}) \mid f(\boldsymbol{x}) = \boldsymbol{y}\} & \text{falls } \exists \boldsymbol{x} \in \mathbb{R}^n : f(\boldsymbol{x}) = \boldsymbol{y} \\ 0 & \text{falls } \nexists \boldsymbol{x} \in \mathbb{R}^n : f(\boldsymbol{x}) = \boldsymbol{y} \end{array} \right\} . \quad (2.5)$$

Die Konstruktion des Erweiterungsprinzips ist sehr intuitiv: Der Wert der Zugehörigkeitsfunktion $\xi_{\boldsymbol{y}^\star}(\cdot, \ldots, \cdot)$ einer Stelle $\boldsymbol{y} \in \mathbb{R}^k$ wird durch den maximalen Zugehörigkeitswert seiner Urbilder bestimmt.

Bemerkung 2.27 *Neben der Möglichkeit einer einfachen intuitiven Interpretation besitzt die Anwendung des Erweiterungsprinzips einen weiteren Vorteil: Im Falle einer reellen Beobachtung $\boldsymbol{x} \in \mathbb{R}^n$ entspricht die Zugehörigkeitsfunktion $\xi_{\boldsymbol{y}^\star}(\cdot, \ldots, \cdot)$ genau der Indikatorfunktion $I_{f(\boldsymbol{x})}(\cdot, \ldots, \cdot)$ und somit dem reellwertigen Vektor $f(\boldsymbol{x})$.*

Abbildung 2.16 zeigt die Anwendung des Erweiterungsprinzips für eine eindimensionale Funktion $f : \mathbb{R} \to \mathbb{R}$, d.h. $y^\star = f(x^\star)$ für eine unscharfe Zahl $x^\star$ mit zugehöriger charakterisierenden Funktion $\xi_{x^\star}(\cdot)$.

Bemerkung 2.28 *Die Zugehörigkeitsfunktion $\xi_{y^\star}(\cdot)$ des durch das Erweiterungsprinzip berechneten Funktionswertes $y^\star = f(\boldsymbol{x}^\star)$ einer Funktion $f : \mathbb{R}^n \to \mathbb{R}$ besitzt Werte im Intervall $[0,1]$, ist aber im Allgemeinen keine charakterisierende Funktion einer unscharfen Zahl im Sinne von Definition 2.2. Beispielsweise hat die Zugehörigkeitsfunktion $\xi_{y^\star}(\cdot)$ des Bildes $y^\star = f(x^\star)$ der auf $\mathbb{R}$ unstetigen Funktion*

$$f(x) = \left\{ \begin{array}{cl} -1 & \text{für } -1 \leq x < 0 \\ 1 & \text{für } 0 < x \leq 1 \\ 0 & \text{sonst} \end{array} \right.$$

für die unscharfe Zahl $\xi_{x^\star}(x) = I_{[-0.5, 0.5]}(x)$ die Form

$$\xi_{y^\star}(y) = \left\{ \begin{array}{cl} 1 & \text{für } y \in \{-1, 0, 1\} \\ 0 & \text{sonst} \end{array} \right. .$$

Für diese Funktion bestehen die δ-Schnitte $C_\delta(y^\star)$ von $y^\star$ für alle $\delta \in (0,1]$ nur aus den drei Punkten $\{-1, 0, 1\}$ und erfüllen somit nicht die Forderung (2) aus Definition 2.2.

Der nachfolgende Satz zeigt, dass zumindest für stetige Funktionen $f : \mathbb{R}^n \to \mathbb{R}$ der Funktionswert $y^\star = f(\boldsymbol{x}^\star)$ eine unscharfe Zahl ist.

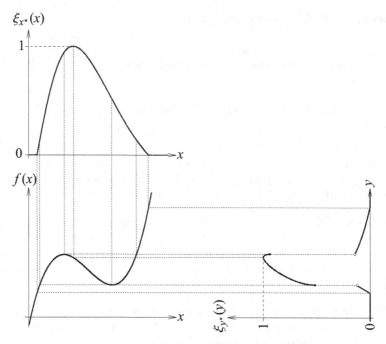

Abbildung 2.16. Anwendung des Erweiterungsprinzips

Satz 2.29 *Für das Bild $y^\star = f(x^\star)$ des unscharfen Vektors $x^\star$ unter der stetigen Funktion $f : \mathbb{R}^n \to \mathbb{R}$ gilt:*

1. $y^\star = f(x^\star)$ ist eine unscharfe Zahl im Sinne von Definition 2.2

2. Die δ-Schnitte von $y^\star$ haben die Form

$$C_\delta(y^\star) = \left[\min_{x \in C_\delta(x^\star)} f(x),\ \max_{x \in C_\delta(x^\star)} f(x) \right] \qquad \forall\, \delta \in (0,1].$$

Beweis: Aus der Formel (2.5) des Erweiterungsprinzips folgt, dass die Funktionswerte von $\xi_{y^\star}(\cdot)$ nur Werte im Intervall $[0,1]$ annehmen, die Eigenschaft (1) aus Definition 2.2 somit erfüllt ist. Aus der Stetigkeit von $f(\cdot)$ folgt, dass die Menge $f^{-1}(\{y\})$ für alle $y \in [0,1]$ abgeschlossen in $\mathbb{R}^n$ ist, und damit gilt:

$$\sup\left\{\xi_{x^\star}(x) \mid x \in f^{-1}(\{y\})\right\} = \max\left\{\xi_{x^\star}(x) \mid x \in f^{-1}(\{y\})\right\}$$

Als nächstes wird die Beziehung

$$C_\delta(y^\star) = f(C_\delta(x^\star)) \qquad \forall\, \delta \in (0,1]$$

gezeigt: Für $\delta \in (0,1]$ und $y \in f(C_\delta(x^\star))$ existiert ein $x \in C_\delta(x^\star)$ mit $y = f(x)$. Daraus folgt $\xi_{x^\star}(x) \geq \delta$ und damit

$$\sup\left\{\xi_{x^\star}(x) \mid x \in f^{-1}(\{y\})\right\} \geq \delta.$$

Nach Definition 2.26 folgt $\xi_{y^\star}(y) \geq \delta$ und damit $y \in C_\delta(y^\star)$ sowie insgesamt $f(C_\delta(\boldsymbol{x}^\star)) \subseteq C_\delta(y^\star)$. Andererseits gilt für $y \in C_\delta(y^\star)$ nach Definition des δ-Schnittes $\xi_{y^\star}(y) \geq \delta$ und damit

$$\sup\{\xi_{\boldsymbol{x}^\star}(\boldsymbol{x}) \mid f(\boldsymbol{x}) = y\} \geq \delta\,.$$

Aus der Stetigkeit von $f(\cdot)$ folgt

$$\max\{\xi_{\boldsymbol{x}^\star}(\boldsymbol{x}) \mid f(\boldsymbol{x}) = y\} = \sup\{\xi_{\boldsymbol{x}^\star}(\boldsymbol{x}) \mid f(\boldsymbol{x}) = y\} \geq \delta\,.$$

Damit folgt die Existenz von $\boldsymbol{x}_0$ mit $\xi_{\boldsymbol{x}^\star}(\boldsymbol{x}_0) \geq \delta$ und $f(\boldsymbol{x}_0) = y$ bzw. $\boldsymbol{x}_0 \in C_\delta(\boldsymbol{x}^\star)$. Dies bedeutet $y \in f(C_\delta(\boldsymbol{x}^\star))$ und damit $C_\delta(y^\star) \subseteq f(C_\delta(\boldsymbol{x}^\star))$. Aus der Kompaktheit des Intervalls $C_\delta(\boldsymbol{x}^\star)$ und der Stetigkeit von $f(\cdot)$ folgt, dass $f(C_\delta(\boldsymbol{x}^\star))$ eine kompakte und einfach zusammenhängende Menge auf $\mathbb{R}$ und somit ein abgeschlossenes Intervall der behaupteten Form ist.   ⋄

Bemerkung 2.30 *Für stetige Funktionen $f : \mathbb{R}^n \to \mathbb{R}^k$ mit $k \geq 2$ ist eine Aussage wie in Satz 2.29 nicht möglich. Der nach dem Erweiterungsprinzip berechnete Funktionswert $\boldsymbol{y}^\star = f(\boldsymbol{x}^\star)$ muss im Allgemeinen kein unscharfer Vektor im Sinne von Definition 2.14 sein, wie das folgende einfache Beispiel zeigt: Für den zweidimensionalen unscharfen Vektor $\boldsymbol{x}^\star \in \mathcal{F}(\mathbb{R}^2)$ mit*

$$C_\delta(\boldsymbol{x}^\star) = \{(x,y) : 1 \leq x \leq 2, 0 \leq y \leq 2\pi\}, \qquad \forall\, \delta \in (0,1]$$

und die stetige Funktion $f(x,y) = (x\cos(y), x\sin(y))$ sind die δ-Schnitte von $\boldsymbol{y}^\star = f(\boldsymbol{x}^\star)$ Kreisringe mit innerem Radius 1 und äußerem Radius 2, erfüllen somit nicht die Forderung einer einfach zusammenhängenden Menge.

Mit Hilfe des Erweiterungsprinzips können Funktionen $f : \mathbb{R}^n \to \mathbb{R}^k$ zu Funktionen mit unscharfen Argumenten $x_1^\star, \ldots, x_n^\star \in \mathcal{F}(\mathbb{R})$ fortgesetzt werden. Für diese Fortsetzung werden zunächst die unscharfen Zahlen $x_1^\star, \ldots, x_n^\star$ mit Hilfe einer Kombinationsregel $K_n(\cdot, \ldots, \cdot)$ zu einem unscharfen Vektor $\boldsymbol{x}^\star \in \mathcal{F}(\mathbb{R}^n)$ kombiniert und dieser anschließend über das Erweiterungsprinzip nach $\mathcal{F}(\mathbb{R}^k)$ abgebildet. Dieses Prinzip ermöglicht beispielsweise die Definition von Rechenoperationen für unscharfe Zahlen und Vektoren (siehe Abschnitt 2.5.3). Für die einzelnen Ergebnisse muss anschließend geprüft werden, ob der Funktionswert $\boldsymbol{y}^\star = f(\boldsymbol{x}^\star)$ ein unscharfer Vektor im Sinne von Definition 2.14 ist. Liegt kein unscharfer Vektor als Funktionswert vor, kann als Ergebnis die Einhüllende – siehe Abschnitt 2.5.1 – oder die konvexe Hülle – siehe Abschnitt 2.5.2 – der erhaltenen Zugehörigkeitsfunktion verwendet werden.

2.5.1 Der einhüllende unscharfe Vektor einer Zugehörigkeitsfunktion

Auf der Menge

$$\mathcal{Z}_n = \{\phi : \phi \text{ ist eine } n\text{-dimensionale normierte Zugehörigkeitsfunktion}\}$$

sind für $\phi_1, \phi_2 \in \mathcal{Z}_n$ folgende Operationen definiert, siehe [BG93]:

a) Durchschnitt: $(\phi_1 \cap \phi_2)(\boldsymbol{x}) = \min\{\phi_1(\boldsymbol{x}), \phi_2(\boldsymbol{x})\} \quad \forall\, \boldsymbol{x} \in \mathbb{R}^n$

b) Größenvergleich: $\phi_1 \succeq \phi_2 \iff \phi_1(\boldsymbol{x}) \geq \phi_2(\boldsymbol{x}) \quad \forall\, \boldsymbol{x} \in \mathbb{R}^n$

Wie bereits in Abschnitt 2.1 erwähnt, sind unscharfe Zahlen und unscharfe Vektoren spezielle unscharfe Mengen. Insbesondere sind charakterisierende Funktionen und vektorcharakterisierende Funktionen spezielle Zugehörigkeitsfunktionen, d.h., $\mathcal{F}(\mathbb{R}) \subseteq \mathcal{Z}_1$ und $\mathcal{F}(\mathbb{R}^n) \subseteq \mathcal{Z}_n$.

Mit diesen beiden Operationen a) und b) ist der einhüllende unscharfe Vektor $\boldsymbol{x}_\phi^\star$ einer n-dimensionalen Zugehörigkeitsfunktion $\phi(\cdot, \ldots, \cdot)$ über seine vektorcharakterisierende Funktion $\xi_{\boldsymbol{x}_\phi^\star}(\cdot, \ldots, \cdot)$ definiert durch

$$\xi_{\boldsymbol{x}_\phi^\star} = \bigcap \left\{ \xi_{\boldsymbol{x}^\star} \,\middle|\, \xi_{\boldsymbol{x}^\star} \in \mathcal{F}(\mathbb{R}^n) \text{ und } \xi_{\boldsymbol{x}^\star} \succeq \phi \right\},$$

d.h., der einhüllende unscharfe Vektor einer Zugehörigkeitsfunktion ist der Durchschnitt aller vektorcharakterisierenden Funktionen, die größer als die betrachtete Zugehörigkeitsfunktion sind.

2.5.2 Die konvexe Hülle einer Zugehörigkeitsfunktion

Die konvexe Hülle $co[\phi]$ einer n-dimensionalen Zugehörigkeitsfunktion $\phi(\cdot, \ldots, \cdot)$ ist ein unscharfer Vektor $\boldsymbol{x}^\star = co[\phi]$, dessen vektorcharakterisierende Funktion $\xi_{\boldsymbol{x}^\star}(\cdot, \ldots, \cdot)$ für alle $\boldsymbol{x} \in \mathbb{R}^n$ folgendermaßen definiert ist:

$$\xi_{\boldsymbol{x}^\star}(\boldsymbol{x}) = \sup\left\{ \min\{\phi(\boldsymbol{x}_1), \phi(\boldsymbol{x}_2)\} \,\middle|\, \begin{array}{l} \boldsymbol{x}_1, \boldsymbol{x}_2 \in \mathbb{R}^n, \alpha \in [0,1] \text{ und} \\ \boldsymbol{x} = \alpha\boldsymbol{x}_1 + (1-\alpha)\boldsymbol{x}_2 \end{array} \right\} \quad (2.6)$$

Mit den in Abschnitt 2.5.1 definierten Operationen a) und b) ist Definition (2.6) unter Verwendung der Menge $\mathcal{F}_c(\mathbb{R}^n)$ (Bemerkung 2.15) äquivalent zur Darstellung

$$\xi_{\boldsymbol{x}^\star} = \bigcap\left\{ \xi_{\boldsymbol{y}^\star} \,\middle|\, \xi_{\boldsymbol{y}^\star} \in \mathcal{F}_c(\mathbb{R}^n) \text{ und } \xi_{\boldsymbol{y}^\star} \succeq \phi \right\},$$

d.h. die konvexe Hülle der Zugehörigkeitsfunktion ist der Durchschnitt aller vektorcharakterisierenden Funktionen mit konvexen und kompakten δ-Schnitten, die größer als die betrachtete Zugehörigkeitsfunktion sind.

Abbildung 2.17 zeigt die konvexe Hülle einer Zugehörigkeitsfunktion.

Bemerkung 2.31 *Für unscharfe Zahlen sind nach Definition 2.2 (2) alle δ-Schnitte kompakte Intervalle, d.h. insbesondere konvex. In diesem Fall stimmt die einhüllende unscharfe Zahl einer Zugehörigkeitsfunktion mit der konvexen Hülle überein.*

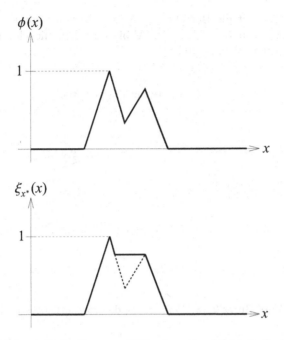

Abbildung 2.17. Konvexe Hülle einer Zugehörigkeitsfunktion

2.5.3 Mathematische Operationen für unscharfe Zahlen

Im Folgenden werden mathematische Operationen für unscharfe Zahlen definiert und ihre wichtigsten Eigenschaften behandelt. Alle Definitionen und Aussagen können ohne Schwierigkeiten auf unscharfe Vektoren übertragen werden. Nachdem in den folgenden Abschnittn allerdings zum großen Teil nur die Analyse eindimensionaler unscharfer Daten behandelt wird, werden die verwendeten mathematischen Operationen nur für unscharfe Zahlen behandelt.

Die Addition $x_1^\star \oplus x_2^\star$ zweier unscharfer Zahlen $x_1^\star$ und $x_2^\star$ wird über die stetige Funktion $f(x_1, x_2) = x_1 + x_2$ definiert. Nach dem Erweiterungsprinzip berechnet sich die charakterisierende Funktion $\xi_{x^\star}(\cdot)$ der verallgemeinerten Summe $x^\star = x_1^\star \oplus x_2^\star$ folgendermaßen:

$$\xi_{x^\star}(x) = \xi_{x_1^\star \oplus x_2^\star}(x)$$

$$= \sup\left\{\min\left\{\xi_{x_1^\star}(x_1), \xi_{x_2^\star}(x_2)\right\} \;\middle|\; (x_1, x_2) \in \mathbb{R}^2 \text{ und } x_1 + x_2 = x\right\}$$

$$= \sup\left\{\min\left\{\xi_{x_1^\star}(y), \xi_{x_2^\star}(x - y)\right\} \;\middle|\; y \in \mathbb{R}\right\} \quad \forall x \in \mathbb{R}.$$

In Abbildung 2.18 ist die Berechnung der unscharfen Summe $x^\star$ zweier unscharfer Zahlen $x_1^\star$ und $x_2^\star$ und in Abbildung 2.19 die charakterisierende Funktion $\xi_{x^\star}(\cdot)$ von $x^\star$ dargestellt.

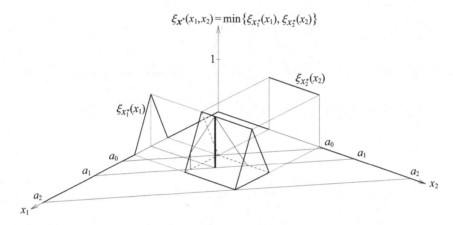

Abbildung 2.18. Berechnung der unscharfen Summe

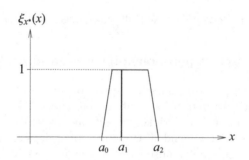

Abbildung 2.19. Summe zweier unscharfer Zahlen

Die Multiplikation $x_1^\star \odot x_2^\star$ zweier unscharfer Zahlen $x_1^\star$ und $x_2^\star$ wird über die stetige Funktion $f(x_1, x_2) = x_1 \cdot x_2$ definiert, wodurch für die charakterisierende Funktion $\xi_{x^\star}(\cdot)$ des verallgemeinerten Produktes $x^\star = x_1^\star \odot x_2^\star$ für alle $x \in \mathbb{R}$ folgt:

$$\xi_{x^\star}(x) = \xi_{x_1^\star \odot x_2^\star}(x)$$

$$= \sup \left\{ \min \left\{ \xi_{x_1^\star}(x_1), \xi_{x_2^\star}(x_2) \right\} \ \Big| \ (x_1, x_2) \in \mathbb{R}^2 \text{ und } x_1 \cdot x_2 = x \right\}.$$

Ein spezielles allgemeines Produkt ist die verallgemeinerte Skalarmultiplikation $\lambda \odot x^\star$ einer unscharfen Zahl $x^\star$ mit einem Skalar $\lambda \in \mathbb{R}$. Für die charakterisierende Funktion $\xi_{y^\star}(\cdot)$ von $y^\star = \lambda \odot x^\star$ folgt:

$$\xi_{y^\star}(y) = \xi_{\lambda \odot x^\star}(y) = \sup\left\{\xi_{x^\star}(x) \mid x \in \mathbb{R} \text{ und } \lambda \cdot x = y\right\}$$

$$= \left\{\begin{array}{l} \xi_{x^\star}\left(\lambda^{-1}y\right) \text{ für } \lambda \neq 0 \\ I_{\{0\}}(y) \quad\ \text{ für } \lambda = 0 \end{array}\right\} \quad \forall\, y \in \mathbb{R}.$$

Nach Satz 2.29 (1.) ist das Ergebnis der Addition oder der Skalarmultiplikation für unscharfe Zahlen wieder eine unscharfe Zahl. Weiters folgt aus Satz 2.29 (2.), dass sowohl die Addition zweier unscharfer Zahlen als auch die Multiplikation zweier unscharfer Zahlen und die Skalarmultiplikation, über deren δ-Schnitte berechnet werden können. Nach Satz 2.29 (2.) haben die δ-Schnitte $C_\delta(x^\star)$ der unscharfen Summe $x^\star = x_1^\star \oplus x_2^\star$ die Form

$$C_\delta(x^\star) = \left[\min_{(x_1,x_2)\,\in\,C_\delta(x_1^\star)\times C_\delta(x_2^\star)} x_1 + x_2\,,\ \max_{(x_1,x_2)\,\in\,C_\delta(x_1^\star)\times C_\delta(x_2^\star)} x_1 + x_2\right].$$

Die Summe $x + y$ zweier reeller Zahlen ist in jeder Variablen streng monoton steigend. Somit lassen sich die δ-Schnitte $C_\delta(x^\star)$ durch die δ-Schnitte $C_\delta(x_1^\star) = [\underline{x}_{1,\delta}, \overline{x}_{1,\delta}]$ und $C_\delta(x_2^\star) = [\underline{x}_{2,\delta}, \overline{x}_{2,\delta}]$ der beiden unscharfen Summanden $x_1^\star$ und $x_2^\star$ einfach folgendermaßen berechnen:

$$C_\delta(x^\star) = \left[\underline{x}_{1,\delta} + \underline{x}_{2,\delta},\ \overline{x}_{1,\delta} + \overline{x}_{2,\delta}\right] \quad \forall\, \delta \in (0,1]. \tag{2.7}$$

Das Skalarprodukt $\lambda \cdot x$ ist für $\lambda > 0$ ebenfalls eine streng monoton steigende Funktion in x. Damit folgt allgemein für den Mittelwert von n unscharfen Zahlen $x_1^\star, \ldots, x_n^\star$ der folgende Satz.

Satz 2.32 *Die δ-Schnitte $C_\delta(y^\star)$ des arithmetischen Mittelwertes $y^\star$ von n unscharfen Zahlen $x_1^\star, \ldots, x_n^\star$ berechnet sich aus den δ-Schnitten $C_\delta(x_i^\star) = [\underline{x}_{i,\delta}, \overline{x}_{i,\delta}]$ der unscharfen Beobachtungen $x_i^\star$ durch*

$$C_\delta(y^\star) = C_\delta\left(\frac{1}{n} \odot \bigoplus_{i=1}^{n} x_i^\star\right) = \left[\frac{1}{n}\sum_{i=1}^{n}\underline{x}_{i,\delta},\ \frac{1}{n}\sum_{i=1}^{n}\overline{x}_{i,\delta}\right].$$

Beweis: Die Aussage folgt direkt aus Satz 2.29. ◇

Die Division $x_1^\star \oslash x_2^\star$ zweier unscharfer Zahlen $x_1^\star$ und $x_2^\star$ wird über die Funktion $f(x_1, x_2) = \frac{x_1}{x_2}$ definiert. Allerdings ist zu beachten, dass $f(x_1, x_2)$ nur im Bereich $\mathbb{R}^2 \setminus (x_1, 0)$ stetig ist. Der Quotient $x_1^\star \oslash x_2^\star$ wird deshalb nur für $0 \notin Tr(x_2^\star)$ definiert.

Bemerkung 2.33 *Es lässt sich zeigen, dass die Minimum-Kombinationsregel die einzige Kombinationsregel mit der wünschenswerten Eigenschaft*

$$\frac{1}{2} \cdot (x^\star \oplus x^\star) = x^\star \qquad oder\ allgemein \qquad \frac{1}{n} \cdot \bigoplus_{i=1}^{n} x^\star = x^\star$$

ist. Ein Grund dafür ist die Eigenschaft als „maximale" t-Norm (Bemerkung 2.20). Deshalb wird für die Kombination unscharfer Zahlen ausschließlich die Minimum-Kombinationsregel verwendet.

Ausgehend von den beiden bereits definierten Operationen $\oplus$ und $\odot$ können für unscharfe Zahlen $x^\star, x_1^\star, x_2^\star \in \mathcal{F}(\mathbb{R})$ die weiteren Operationen

$$-x^\star := (-1) \odot x^\star \quad \Longrightarrow \quad \xi_{-x^\star}(x) = \xi_{x^\star}(-x) \quad \forall x \in \mathbb{R} \qquad (2.8)$$

und

$$x_1^\star \ominus x_2^\star := x_1^\star \oplus (-x_2^\star) \qquad (2.9)$$

definiert werden, wobei $\ominus$ die verallgemeinerte Differenz der unscharfen Zahlen $x_1^\star$ und $x_2^\star$ genannt wird.

Für unscharfe Zahlen $x_i^\star = \langle m_i, s_i, l_i, r_i \rangle_{LR}$, $i \in \{1, 2\}$, in LR-Darstellung (Abschnitt 2.2.1) kann die Addition und die Skalarmultiplikation durch einfache algebraische Operationen der Parameter m_i, s_i, l_i und r_i ausgeführt werden:

$$\langle m_1, s_1, l_1, r_1 \rangle_{LR} \oplus \langle m_2, s_2, l_2, r_2 \rangle_{LR}$$
$$= \langle m_1 + m_2, s_1 + s_2, l_1 + l_2, r_1 + r_2 \rangle_{LR} \qquad (2.10)$$

und

$$\lambda \cdot \langle m_i, s_i, l_i, r_i \rangle_{LR} \begin{cases} \langle \lambda\, m_i, \lambda\, s_i, \lambda\, l_i, \lambda\, r_i \rangle_{LR} & \text{für } \lambda > 0 \\ \langle \lambda\, m_i, -\lambda\, s_i, -\lambda\, r_i, -\lambda\, l_i \rangle_{RL} & \text{für } \lambda < 0 \\ 0 & \text{für } \lambda = 0 \end{cases} \qquad (2.11)$$

Im Gegensatz zur Summe $x + y$ ist das Produkt $x \cdot y$ zweier reeller Zahlen keine streng monoton steigende Funktion. Die δ-Schnitte $C_\delta(x^\star)$ des verallgemeinerten Produktes $x^\star = x_1^\star \odot x_2^\star$ zweier unscharfer Zahlen $x_1^\star$ und $x_2^\star$ können deshalb nicht auf ähnlich einfache Weise wie im Falle der Summe (siehe (2.7)) durch die einfache Verknüpfung der beiden unteren und der beiden oberen Grenzen von $C_\delta(x_1^\star) = [\underline{x}_{1,\delta}, \overline{x}_{1,\delta}]$ und $C_\delta(x_2^\star) = [\underline{x}_{2,\delta}, \overline{x}_{2,\delta}]$ berechnet werden. Dennoch lässt sich aus der Darstellung

$$C_\delta(x^\star) = \left[\min_{(x_1, x_2) \in C_\delta(x_1^\star) \times C_\delta(x_2^\star)} x_1 \cdot x_2 , \max_{(x_1, x_2) \in C_\delta(x_1^\star) \times C_\delta(x_2^\star)} x_1 \cdot x_2 \right]$$

eine einfache Form der Berechnung von $C_\delta(x^\star)$ ableiten. Zur Herleitung dieser einfachen Form müssen verschiedene Fälle der Lage von $C_\delta(x_1^\star)$ und $C_\delta(x_2^\star)$ unterschieden werden (siehe Aufgabe 1 der Übungsbeispiele). In diesen unterschiedlichen Fällen beinhalten die δ-Schnitte der einzelnen unscharfen Zahlen nur positive Werte oder nur negative Werte oder beinhalten sowohl positive als auch negative Werte. Eine Zusammenfassung dieser verschiedenen Fälle ergibt, dass für die Berechnung von $C_\delta(x^\star)$ nur die vier Werte $\underline{x}_{1,\delta} \cdot \underline{x}_{2,\delta}$, $\underline{x}_{1,\delta} \cdot \overline{x}_{2,\delta}$, $\overline{x}_{1,\delta} \cdot \underline{x}_{2,\delta}$ und $\overline{x}_{1,\delta} \cdot \overline{x}_{2,\delta}$ betrachtet werden müssen. Die untere Grenze von $C_\delta(x^\star)$ wird durch das Minimum dieser vier Werte bestimmt, die obere Grenze ist das Maximum. Es gilt somit:

$$C_\delta(x^\star) = \Big[\min\big\{\underline{x}_{1,\delta}\cdot\underline{x}_{2,\delta},\ \underline{x}_{1,\delta}\cdot\overline{x}_{2,\delta},\ \overline{x}_{1,\delta}\cdot\underline{x}_{2,\delta},\ \overline{x}_{1,\delta}\cdot\overline{x}_{2,\delta},\big\},$$
$$\max\big\{\underline{x}_{1,\delta}\cdot\underline{x}_{2,\delta},\ \underline{x}_{1,\delta}\cdot\overline{x}_{2,\delta},\ \overline{x}_{1,\delta}\cdot\underline{x}_{2,\delta},\ \overline{x}_{1,\delta}\cdot\overline{x}_{2,\delta},\big\}\Big] \qquad (2.12)$$

Die Multiplikation mehrerer unscharfer Größen erfolgt sequentiell, d.h.,

$$x_1^\star \odot x_2^\star \odot x_3^\star \odot x_4^\star = \big[(x_1^\star \odot x_2^\star) \odot x_3^\star\big] \odot x_4^\star = x_1^\star \odot \big[x_2^\star \odot (x_3^\star \odot x_4^\star)\big]$$
$$= (x_1^\star \odot x_2^\star) \odot (x_3^\star \odot x_4^\star) = \dots ,$$

wobei die Reihenfolge der Berechnung keinen Einfluss auf das Ergebnis hat.

2.5.4 Übungen

1. Führen Sie die Überlegungen zur Herleitung von (2.12) aus.

2. Berechnen Sie die Summe der zwei unscharfen Zahlen $x_1^\star$ und $x_2^\star$ mit den zugehörigen, in Abbildung 2.20 dargestellten charakterisierenden Funktionen $\xi_{x_1^\star}(\cdot)$ und $\xi_{x_2^\star}(\cdot)$.

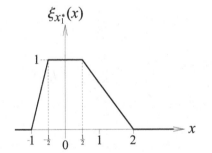 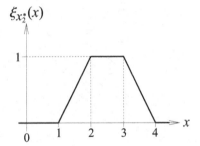

Abbildung 2.20. Charakterisierende Funktionen

3. Berechnen Sie das Produkt der zwei unscharfen Zahlen $x_1^\star$ und $x_2^\star$ aus Aufgabe 2.

2.6 Unscharfe Funktionen

Für die Modellierung von Funktionen mit unscharfen Funktionswerten können so genannte *unscharfe Funktionen* herangezogen werden.

Definition 2.34 *Eine unscharfe Funktion oder Funktion mit unscharfen Werten ist eine Abbildung $f^\star : \mathbb{R}^k \to \mathcal{F}(\mathbb{R}^n)$, d.h., die Funktionswerte $f^\star(\boldsymbol{x})$ sind für alle $\boldsymbol{x} \in \mathbb{R}^k$ unscharfe Vektoren im Sinne von Definition 2.14.*

Für die nachfolgenden Abschnitt, insbesondere für die statistischen Analyse unscharfer Daten, genügt die Betrachtung eindimensionaler unscharfer Funktionen $f^\star : \mathbb{R} \to \mathcal{F}(\mathbb{R})$. Diese können mit Hilfe ihrer so genannten δ-Niveaukurven grafisch dargestellt werden. Ist

$$C_\delta \left(f^\star(x) \right) = \left[\underline{f}_\delta(x), \overline{f}_\delta(x) \right] \qquad \forall \, \delta \in (0,1]$$

der δ-Schnitt der unscharfen Zahl $f^\star(x)$ mit zugehöriger charakterisierender Funktion $\xi_{f^\star(x)}(\cdot)$, so wird die reelle Funktion $\underline{f}_\delta(\cdot)$ die *untere δ-Niveaukurve* und die reelle Funktion $\overline{f}_\delta(\cdot)$ die *obere δ-Niveaukurve* der unscharfen Funktion $f^\star(\cdot)$ genannt. Die Darstellung der unscharfen Funktion $f^\star(\cdot)$ erfolgt über diese oberen und unteren δ-Niveaukurven.

Abbildung 2.21 zeigt drei δ-Niveaukurven einer unscharfen Funktion $f^\star(\cdot)$.

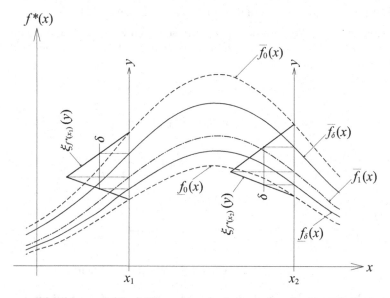

Abbildung 2.21. δ-Niveaukurven einer unscharfen Funktion

2.6.1 Integration unscharfer Funktionen

Für die Verallgemeinerung einiger statistischen Verfahren auf die Situation unscharfer Daten ist die Integration von unscharfen Funktionen notwendig. Aus diesem Grunde muss zunächst die Integration reeller Funktionen auf den Fall einer unscharfen Funktion verallgemeinert werden. Das plausibelste Ergebnis der Integration einer unscharfen Funktion ist eine unscharfe Zahl. Die Definition der – verallgemeinerten – Integration einer eindimensionalen unscharfen Funktion $f^\star : \mathbb{R} \to \mathcal{F}(\mathbb{R})$ erfolgt über ihre δ-Niveaukurven $\underline{f}_\delta(\cdot)$ und $\overline{f}_\delta(\cdot)$. Unter der Annahme integrierbarer Funktionen $\underline{f}_\delta(\cdot)$ und $\overline{f}_\delta(\cdot)$ für alle $\delta \in (0,1]$ ist der δ-Schnitt $C_\delta \left(\mathcal{J}^\star \right) = \left[\underline{\mathcal{J}}_\delta, \overline{\mathcal{J}}_\delta \right]$ des verallgemeinerten Integrals

$$\mathcal{J}^{\star} = \int_a^b f^{\star}(x)\,dx \qquad a \leq b;\; a,b \in \mathbb{R}$$

definiert durch

$$\underline{\mathcal{J}}_{\delta} := \int_a^b \underline{f}_{\delta}(x)\,dx \quad \text{und} \quad \overline{\mathcal{J}}_{\delta} := \int_a^b \overline{f}_{\delta}(x)\,dx\,.$$

Die charakterisierende Funktion $\xi_{\mathcal{J}^{\star}}(\cdot)$ der unscharfen Zahl $\mathcal{J}^{\star}$ wird mit Hilfe des Darstellungssatzes (Satz 2.5) durch

$$\xi_{\mathcal{J}^{\star}}(x) = \max\left\{\delta \cdot I_{[\underline{\mathcal{J}}_{\delta},\overline{\mathcal{J}}_{\delta}]}(x) \mid \delta \in [0,1]\right\} \qquad \forall\, x \in \mathbb{R}$$

berechnet.

2.6.2 Übungen

1. Überlegen Sie sich, dass die klassische Integration ein Sonderfall der Integration unscharfer Funktionen ist.
2. Berechnen Sie das Integral einer unscharfen konstanten Funktion.

2.7 Unscharfe Wahrscheinlichkeitsverteilungen

Ähnlich wie bei den Messungen realer Größen ist die Betrachtung von Wahrscheinlichkeiten für Ereignisse als reelle Zahlen nicht immer sinnvoll.

Beispiel 2.35 Werden die Wettquoten von Fußballspielen verschiedener Wettanbieter miteinander verglichen, sind teilweise große Abweichungen zu beobachten. Den Wettquoten liegen die Einschätzungen der Wettanbieter für die Wahrscheinlichkeiten der drei möglichen Spielausgänge „Heimmannschaft gewinnt" ($\cong 1$), „Auswärtsmannschaft gewinnt" ($\cong 2$) und „Spiel endet unentschieden" ($\cong X$) zugrunde. Unterschiedliche Wettquoten lassen daher auf eine unterschiedliche Einschätzung dieser Wahrscheinlichkeiten schließen – dies lässt sich mit der in Abschnitt 1.1, Beispiel 4, beschriebenen unterschiedlichen Einschätzung für den Wert eines Gegenstandes vergleichen. $\diamond$

Das Problem bei der im obigen Beispiel beschriebenen Einschätzung der Wahrscheinlichkeiten für die Ereignisse 1, 2 und X sind die teilweise fehlenden Anhaltspunkte: Während einer Saison tragen die beiden Mannschaften nur eine kleine Zahl von Spielen gegeneinander aus, d.h., die Anzahl der vorhandenen Beobachtungen ist sehr klein. Historische Beobachtungen, d.h. Spiele der vergangenen Jahre, sind Aufgrund der sich ändernden Zusammensetzung der beiden Mannschaften nicht aussagekräftig. Die Einschätzungen der Wahrscheinlichkeiten der entsprechenden Ereignisse sind deshalb von individuellen Empfindungen beeinflusst.

In der oben beschriebenen Situation ist die Festlegung der Wahrscheinlichkeiten für die Ereignisse 1, 2 und X als reelle Zahlen fragwürdig. Selbstverständlich kann aufgrund von aktuellen Ereignissen ein tendenzieller Trend festgestellt werden: Wenn etwa die Heimmannschaft sehr weit vorne in der Tabelle, die Auswärtsmannschaft allerdings sehr weit hinten in der Tabelle zu finden ist, ist aufgrund der Erfahrung die Wahrscheinlichkeit für das Ereignis 1 größer als die Wahrscheinlichkeit für das Ereignis 2.

Bemerkung 2.36 *Die Anteilschätzung bzw. die Schätzung der Wahrscheinlichkeit für ein Ereignis ist ein häufig auftretendes Problem in der Statistik. Die klassische Vorgehensweise ist, mittels eines – bestenfalls unverzerrten und effizienten – Schätzers die entsprechenden Größen aus einer Stichprobe zu schätzen. In der Praxis wird allerdings anstatt einer reellwertigen Schätzung häufig ein Konfidenzintervall mit vorgegebener Fehlerwahrscheinlichkeit 1. Art (in der Literatur α genannt) betrachtet, in dem die betrachtete Größe mit Wahrscheinlichkeit $1 - \alpha$ enthalten ist. Je kleiner α ist, desto größer ist das Konfidenzintervall und somit der mögliche Bereich. Aufgrund der Endlichkeit der Stichprobe kann die betrachtete Größe nicht näher bestimmt werden.*

Eine Möglichkeit der flexibleren Modellierung des Spielausganges ist die Verwendung von unscharfen Zahlen als Wahrscheinlichkeiten von Ereignissen. In Beispiel 2.35 könnten die unscharfen Wahrscheinlichkeiten $p_1^\star$, $p_2^\star$ und $p_X^\star$ der Ereignisse 1, 2 und X für ein konkretes Spiel aus dem Verlauf der aktuellen Saison beispielsweise durch die folgenden unscharfen Zahlen geschätzt werden:

$$C_\delta(p_1^\star) = C_\delta\big(P^\star(\{1\})\big) = \left[\frac{4}{10}, \frac{5}{10}\right] \qquad \forall\, \delta \in (0,1]$$

$$C_\delta(p_2^\star) = C_\delta\big(P^\star(\{2\})\big) = \left[\frac{3}{10}, \frac{6}{10}\right] \qquad \forall\, \delta \in (0,1]$$

$$C_\delta(p_X^\star) = C_\delta\big(P^\star(\{X\})\big) = \left[\frac{2}{10}, \frac{3}{10}\right] \qquad \forall\, \delta \in (0,1]$$

Die Festlegung dieser unscharfen Wahrscheinlichkeiten ist natürlich nur dann sinnvoll, wenn sie als Verallgemeinerung einer klassischen Wahrscheinlichkeitsverteilung aufgefasst werden können, d.h., wenn es reelle Zahlen $x_1 \in C_1(p_1^\star)$, $x_2 \in C_1(p_2^\star)$ und $x_X \in C_1(p_X^\star)$ mit $x_1 + x_2 + x_X = 1$ gibt.

Die Entwicklung der Theorie unscharfer Wahrscheinlichkeitsverteilungen ist ein neues, allerdings bereits von vielen Forschungsgruppen aufgenommenes Forschungsgebiet. Im Laufe der letzten Jahre wurden bereits einige Ergebnisse veröffentlicht, siehe z.B. [Bu03], [Ta03] oder [VH04b].

Buckley behandelt in seinem Buch [Bu03] ausführlich unscharfe, auf einer endlichen Menge $M = \{x_1, \ldots, x_n\}$ definierte, Wahrscheinlichkeitsverteilungen. Nach Buckleys Definition werden die unscharfen Wahrscheinlichkeiten für Teilmengen $A = \{x_{i_1}, x_{i_2}, \ldots, x_{i_k}\} \subseteq M$ aus den δ-Schnitten $C_\delta(p_i^\star) = C_\delta\big(P^\star(\{x_i\})\big)$ der unscharfen Wahrscheinlichkeiten der Elementarereignisse x_i folgendermaßen berechnet:

$$C_\delta\left(P^\star(A)\right) = \left\{\sum_{l \in \{i_1, i_2, \ldots, i_k\}} x_l : x_i \in C_\delta(p_i^\star), i = 1\,(1)\,n \text{ und } \sum_{i=1}^{n} x_i = 1\right\}.$$

Nach Buckleys Definition haben die beiden extremalen Ereignisse M und $\emptyset$ immer die beiden reellen Wahrscheinlichkeiten $P^\star(M) = 1$ und $P^\star(\emptyset) = 0$.

Für die oben angeführten unscharfen Wahrscheinlichkeiten $p_1^\star$, $p_2^\star$ und $p_X^\star$ der Elementarereignisse 1, 2 und X ergeben sich nach Buckleys Definition die folgenden unscharfen Wahrscheinlichkeiten der zusammengesetzten Ereignisse $\{1,2\}$, $\{1,X\}$, $\{2,X\}$ und $\{1,2,X\}$ bzw. des Ereignisses $\emptyset$:

$$C_\delta\big(P^\star(\{1,2\})\big) = \left[\frac{7}{10}, \frac{8}{10}\right] \qquad \forall\,\delta \in (0,1]$$

$$C_\delta\big(P^\star(\{1,X\})\big) = \left[\frac{6}{10}, \frac{7}{10}\right] \qquad \forall\,\delta \in (0,1]$$

$$C_\delta\big(P^\star(\{2,X\})\big) = \left[\frac{5}{10}, \frac{8}{10}\right] \qquad \forall\,\delta \in (0,1]$$

$$C_\delta\big(P^\star(\{1,2,X\})\big) = [1,1] \qquad \forall\,\delta \in (0,1]$$

$$C_\delta\big(P^\star(\emptyset)\big) = [0,0] \qquad \forall\,\delta \in (0,1]$$

2.7.1 Unscharfe Wahrscheinlichkeitsdichten

Im Falle einer kontinuierlichen Grundmenge, beispielsweise $\mathbb{R}$, werden unscharfe Wahrscheinlichkeitsverteilungen durch so genannte *unscharfe Dichten* beschrieben.

Definition 2.37 *Eine unscharfe Funktion $\pi^\star : \mathbb{R} \to \mathcal{F}(\mathbb{R})$ (Definition 2.34) mit der Eigenschaft*

$$\oint_{\mathbb{R}} \pi^\star(x)\,d\,x = 1_+^\star, \tag{2.13}$$

wobei $1_+^\star$ eine unscharfe Zahl mit $1 \in C_1(1_+^\star)$ und $Tr\left(1_+^\star\right) \subseteq (0,\infty)$ bezeichnet, wird unscharfe Wahrscheinlichkeitsdichte *oder einfach* unscharfe Dichte *genannt.*

Die Forderung (2.13) an eine unscharfe Dichte bedeutet, dass sie eine echte Verallgemeinerung einer klassischen Dichte ist, d.h., für jedes δ liegt eine klassische Wahrscheinlichkeitsdichte zwischen den δ-Niveaukurven von $\pi^\star(\cdot)$.

Bemerkung 2.38 *In der Literatur finden sich verschiedene Definitionen von unscharfen Dichten. Die Grundlage für Definition 2.37 bilden Histogramme für unscharfe Daten (siehe Abschnitt 3.1). Eine weitere Möglichkeit ist die Definition mittels so genannter unscharfer Hyperparameter (vergleiche dazu [Vi96]).*

Unscharfe Dichten erlauben unter anderem eine flexiblere Modellierung der A-priori-Dichte in der Bayes'schen Analyse (siehe Abschnitt 5.2).

Bei vorliegender unscharfer Dichte $\pi^\star(\cdot)$ kann die Wahrscheinlichkeit einer Teilmenge $A \subseteq \mathbb{R}$ nicht mit der in Abschnitt 2.6.1 definierten Integration von unscharfen Funktionen berechnet werden, da für diese Integration der Träger der berechneten unscharfe Zahl

$$P^\star(A) = \int_A \pi^\star(x)\,dx$$

nicht mehr im Intervall $[0,1]$ liegen muss, d.h., die Wahrscheinlichkeit dieser Teilmenge größer als 1 sein könnte.

Die Überlegung zur Berechnung von $P^\star(A)$ ist folgende:
Ist $C_\delta(\pi^\star(x)) = [\underline{\pi}_\delta(x), \overline{\pi}_\delta(x)]$, $\delta \in (0,1]$, der δ-Schnitt der unscharfen Zahl $\pi^\star(x)$, so können die beiden δ-Niveaukurven $\underline{\pi}_\delta(\cdot)$ und $\overline{\pi}_\delta(\cdot)$ als Grenzen klassischer Dichten aufgefasst werden. Diese beiden Funktionen sind integrierbar nach Voraussetzung (das verallgemeinerte Integral existiert), und aus (2.13) folgt für alle $\delta \in (0,1]$:

$$\int_\mathbb{R} \underline{\pi}_\delta(x)\,dx \leq 1 \qquad \text{und} \qquad \int_\mathbb{R} \overline{\pi}_\delta(x)\,dx \geq 1\,.$$

Die Menge aller möglichen durch $\underline{\pi}_\delta(\cdot)$ und $\overline{\pi}_\delta(\cdot)$ eingegrenzten klassischen Dichten wird mit S_δ bezeichnet:

$$S_\delta = \left\{ f : f \text{ ist eine Dichte mit } \underline{\pi}_\delta(x) \leq f(x) \leq \overline{\pi}_\delta(x) \text{ für alle } x \in \mathbb{R} \right\}$$

Behauptung 2.39 *Die Menge S_δ ist nicht leer.*

Beweis: Unscharfe Dichten sind nach Voraussetzung integrierbar, da (2.13) existiert, d.h., insbesondere sind für alle $\delta \in (0,1]$ die untere δ-Niveaukurve $\underline{\pi}_\delta(\cdot)$ und die obere δ-Niveaukurve $\overline{\pi}_\delta(\cdot)$ klassisch integrierbar und die beiden Integrale

$$\underline{I}_\delta = \int_\mathbb{R} \underline{\pi}_\delta(x)\,dx \qquad \text{bzw.} \qquad \overline{I}_\delta = \int_\mathbb{R} \overline{\pi}_\delta(x)\,dx$$

existieren. Wegen der Forderung $1 \in C_1(1_+^\star)$ und $Tr(1_+^\star) \subseteq (0,\infty)$ in (2.13) folgen die Ungleichungen $0 < \underline{I}_\delta \leq 1$ und $1 \leq \overline{I}_\delta < \infty$. Ist $\underline{I}_\delta \neq \overline{I}_\delta$ für ein

$\delta \in (0,1]$, d.h., $\pi^*(\cdot)$ ist keine klassische Wahrscheinlichkeitsdichte, so existiert für dieses δ die Funktion

$$f(x) = \underline{\pi}_\delta(x) + \underbrace{\frac{1 - \underline{I}_\delta}{\overline{I}_\delta - \underline{I}_\delta}}_{\leq 1}\, \underbrace{(\overline{\pi}_\delta(x) - \underline{\pi}_\delta(x))}_{\geq 0} \qquad \forall\, x \in \mathbb{R}.$$

Wegen

$$\underline{\pi}_\delta(x) \leq \underline{\pi}_\delta(x) + \frac{1 - \underline{I}_\delta}{\overline{I}_\delta - \underline{I}_\delta}\, (\overline{\pi}_\delta(x) - \underline{\pi}_\delta(x)) = f(x)$$

und

$$f(x) = \underline{\pi}_\delta(x) + \frac{1 - \underline{I}_\delta}{\overline{I}_\delta - \underline{I}_\delta}\, (\overline{\pi}_\delta(x) - \underline{\pi}_\delta(x))$$
$$\leq \underline{\pi}_\delta(x) + (\overline{\pi}_\delta(x) - \underline{\pi}_\delta(x)) = \overline{\pi}_\delta(x)$$

sowie

$$\int_{\mathbb{R}} f(x)\, dx = \int_{\mathbb{R}} \underline{\pi}_\delta(x) + \frac{1 - \underline{I}_\delta}{\overline{I}_\delta - \underline{I}_\delta}\, (\overline{\pi}_\delta(x) - \underline{\pi}_\delta(x))\ dx$$
$$= \underline{I}_\delta + \frac{1 - \underline{I}_\delta}{\overline{I}_\delta - \underline{I}_\delta}\, (\overline{I}_\delta - \underline{I}_\delta) = 1$$

ist $f(\cdot)$ eine klassische Wahrscheinlichkeitsdichte und ein Element der Menge S_δ. Ist $\underline{I}_\delta = \overline{I}_\delta = 1$, so sind $\underline{\pi}_\delta(\cdot)$ und $\overline{\pi}_\delta(\cdot)$ Elemente der Menge S_δ. $\qquad \diamond$

Die unscharfe Wahrscheinlichkeit $P^*(A)$ einer Teilmenge A wird über ihre δ-Schnitte $C_\delta(P^*(A)) = [\underline{P}_\delta(A), \overline{P}_\delta(A)]$ definiert: Die obere Grenze $\overline{P}_\delta(A)$ des δ-Schnittes wird durch die größtmögliche Wahrscheinlichkeit von A für alle Dichten in S_δ festgelegt, die untere Grenze $\underline{P}_\delta(A)$ durch die kleinstmögliche Wahrscheinlichkeit. Die beiden Werte können folgendermaßen berechnet werden:

$$\overline{P}_\delta(A) = \sup \left\{ \int_A f(x)\, dx \ \middle|\ f \in S_\delta \right\}$$

$$= \begin{cases} 1 - \displaystyle\int_{A^c} \underline{\pi}_\delta(x)\, dx & \text{für } \displaystyle\int_A \overline{\pi}_\delta(x)\, dx + \int_{A^c} \underline{\pi}_\delta(x)\, dx > 1 \\[4mm] \displaystyle\int_A \overline{\pi}_\delta(x)\, dx & \text{sonst} \end{cases} \qquad (2.14)$$

und

$$\underline{P}_\delta(A) = \inf \left\{ \int_A f(x)\, dx \ \middle|\ f \in S_\delta \right\}$$

$$= \begin{cases} \displaystyle\int_A \underline{\pi}_\delta(x)\, dx & \text{für } \displaystyle\int_A \underline{\pi}_\delta(x)\, dx + \int_{A^c} \overline{\pi}_\delta(x)\, dx \geq 1 \\[4mm] 1 - \displaystyle\int_{A^c} \overline{\pi}_\delta(x)\, dx & \text{sonst}\,. \end{cases} \qquad (2.15)$$

Für $0 < \delta_1 < \delta_2 \leq 1$ gilt $S_{\delta_2} \subseteq S_{\delta_1}$ und somit

$$[\underline{P}_{\delta_2}(A), \overline{P}_{\delta_2}(A)] \subseteq [\underline{P}_{\delta_1}(A), \overline{P}_{\delta_1}(A)] \,,$$

d.h., die δ-Schnitte von $P^\star(A)$ sind geschachtelt. Allerdings müssen die δ-Schnitte nicht halbstetig von oben sein, d.h., für einige Werte $\beta \in (0,1]$ ist die Ungleichung

$$[\underline{P}_\beta(A), \overline{P}_\beta(A)] \neq \bigcap_{\alpha < \beta} [\underline{P}_\alpha(A), \overline{P}_\alpha(A)]$$

möglich. In diesem Fall kann die charakterisierende Funktion von $P^\star(A)$ über den Darstellungssatz in Bemerkung 2.8 konstruiert werden.

Für den Spezialfall einer klassischen Wahrscheinlichkeitsdichte, d.h. $f : \mathbb{R} \to \mathbb{R}$, gilt für alle $\delta \in (0,1]$ die Beziehung $\underline{\pi}(x) = \overline{\pi}(x) \; \forall\, x \in \mathbb{R}$, und die Menge S_δ besteht nur aus dem Element $f(\cdot)$. In diesem Fall ist

$$\overline{P}_\delta(A) = \sup\left\{ \int_A f(x)\,dx \;\middle|\; f \in S_\delta \right\} = \int_A f(x)\,dx$$

$$= \inf\left\{ \int_A f(x)\,dx \;\middle|\; f \in S_\delta \right\} = \underline{P}_\delta(A)\,,$$

d.h., $P^\star(A)$ ist eine reelle Zahl. Die Definition der unscharfen Wahrscheinlichkeit $P^\star(A)$ ist somit eine echte Erweiterung einer klassischen Definition. Weiters gilt im Falle einer klassischen reellen Dichte

$$\int_{\mathbb{R}} \underline{\pi}_\delta(x)\,dx = \int_{\mathbb{R}} \overline{\pi}_\delta(x)\,dx = 1$$

und für alle Teilmengen $A \subseteq \mathbb{R}$

$$\int_A \overline{\pi}_\delta(x)\,dx + \int_{A^c} \underline{\pi}_\delta(x)\,dx = 1 \quad \text{und} \quad \int_A \underline{\pi}_\delta(x)\,dx + \int_{A^c} \overline{\pi}_\delta(x)\,dx = 1\,,$$

woraus aus (2.14) und (2.15) ebenfalls die Gleichung

$$\overline{P}_\delta(A) = \int_A \overline{\pi}_\delta(x)\,dx = \int_A \underline{\pi}_\delta(x)\,dx = \underline{P}_\delta(A) \qquad \forall\, \delta \in (0,1]$$

folgt.

In der klassischen Wahrscheinlichkeitstheorie werden die zwei Forderungen $P(\mathbb{R}) = 1$ und $P(\emptyset) = 0$ an eine klassische Wahrscheinlichkeitsverteilung $P(\cdot)$ gestellt, d.h., die beiden extremalen Ereignisse haben Wahrscheinlichkeit 1 bzw. 0.

Die Definition einer unscharfen Wahrscheinlichkeit $P^\star$ als Verallgemeinerung von klassischen Wahrscheinlichkeiten ist nur dann sinnvoll, wenn die Eigenschaften für die Wahrscheinlichkeit der beiden extremalen Ereignisse erhalten bleiben, d.h., $P^\star(\mathbb{R}) = 1$ und $P^\star(\emptyset) = 0$ gilt. Die δ-Schnitte der unscharfen Wahrscheinlichkeiten dieser beiden Ereignisse lassen sich aus (2.14) und (2.15) leicht berechnen: Für den gesamten Merkmalraum $\mathbb{R}$ ist

$$\overline{P}_\delta(\mathbb{R}) = \sup\left\{ \int_\mathbb{R} f(x)\,dx \;\middle|\; f \in S_\delta \right\} = \sup\left\{ 1 \;\middle|\; f \in S_\delta \right\} = 1$$

und

$$\underline{P}_\delta(\mathbb{R}) = \inf\left\{ \int_\mathbb{R} f(x)\,dx \;\middle|\; f \in S_\delta \right\} = \inf\left\{ 1 \;\middle|\; f \in S_\delta \right\} = 1$$

bzw. für die leere Menge $\emptyset$ ist

$$\overline{P}_\delta(\emptyset) = \sup\left\{ \int_\emptyset f(x)\,dx \;\middle|\; f \in S_\delta \right\} = \sup\left\{ 0 \;\middle|\; f \in S_\delta \right\} 0 = 0$$

und

$$\underline{P}_\delta(\emptyset) = \inf\left\{ \int_\emptyset f(x)\,dx \;\middle|\; f \in S_\delta \right\} = \inf\left\{ 0 \;\middle|\; f \in S_\delta \right\} 0 = 0\,,$$

d.h., unscharfe Wahrscheinlichkeiten erfüllen die geforderten Eigenschaften.

Zur formalen Unterscheidung von der in Abschnitt 2.6.1 definierten verallgemeinerten Integration wird die Berechnung von unscharfen Wahrscheinlichkeiten durch ein spezielles Integral gekennzeichnet:

$$P^\star(A) = \fint_A \pi^\star(x)\,dx. \tag{2.16}$$

Die durch (2.16) definierte unscharfe Wahrscheinlichkeit kann nicht additiv sein, da für zwei disjunkte Ereignisse A und B, d.h. $A \cap B = \emptyset$, die Summe $\overline{P}_\delta(A) + \overline{P}_\delta(B)$ für manche $\delta \in (0,1]$ größer als 1 sein kann, beispielsweise wenn mehrere Beobachtungen einen nichtleeren Durchschnitt mit beiden Klassen A und B haben, also sowohl in $\overline{P}_\delta(A)$ als auch in $\overline{P}_\delta(B)$ gezählt werden.

Behauptung 2.40 *Die obere Grenze $\overline{P}_\delta(\cdot)$ des δ-Schnittes der unscharfen Wahrscheinlichkeit $P^\star(\cdot)$ ist für alle $\delta \in (0,1]$ subadditiv, d.h.,*

$$\overline{P}_\delta(A \cup B) \leq \overline{P}_\delta(A) + \overline{P}_\delta(B) \tag{2.17}$$

für disjunkte Ereignisse A und B, und die untere Grenze $\underline{P}_\delta(\cdot)$ ist superadditiv, d.h.,

$$\underline{P}_\delta(A \cup B) \geq \underline{P}_\delta(A) + \underline{P}_\delta(B)\,. \tag{2.18}$$

Beweis: Zur kürzeren Schreibweise der nachfolgenden Betrachtungen werden die beiden Größen

$$\overline{I}(A) = \int_A \overline{\pi}_\delta(\theta)\, d\theta + \int_{A^c} \underline{\pi}_\delta(\theta)\, d\theta$$

und

$$\underline{I}(A) = \int_A \underline{\pi}_\delta(\theta)\, d\theta + \int_{A^c} \overline{\pi}_\delta(\theta)\, d\theta$$

verwendet. Für den Nachweis der Subadditivität der oberen Grenze $\overline{P}_\delta(\cdot)$ müssen fünf Fälle für die Größen $\overline{I}(A \cup B)$, $\overline{I}(A)$ und $\overline{I}(B)$ unterschieden werden (A und B sind dabei disjunkte Mengen):

a) $\overline{I}(A \cup B) \leq 1 \Rightarrow \overline{I}(A) \leq 1,\ \overline{I}(B) \leq 1$:

$$\overline{P}_\delta(A \cup B) = \int_{A \cup B} \overline{\pi}_\delta(\theta)\, d\theta = \int_A \overline{\pi}_\delta(\theta)\, d\theta + \int_B \overline{\pi}_\delta(\theta)\, d\theta$$

$$= \overline{P}_\delta(A) + \overline{P}_\delta(B)$$

b) $\overline{I}(A \cup B) > 1,\ \overline{I}(A) \leq 1,\ \overline{I}(B) \leq 1$:

$$\overline{P}_\delta(A \cup B) = 1 - \int_{(A \cup B)^c} \underline{\pi}_\delta(\theta)\, d\theta = \int_{A \cup B} \overline{\pi}_\delta(\theta)\, d\theta$$

$$+ \left(1 - \underbrace{\int_{A \cup B} \overline{\pi}_\delta(\theta)\, d\theta - \int_{(A \cup B)^c} \underline{\pi}_\delta(\theta)\, d\theta}_{-\overline{I}(A \cup B)} \right)$$

$$= \overline{P}_\delta(A) + \overline{P}_\delta(B) + 1 - \overline{I}(A \cup B)$$

c) $\overline{I}(A \cup B) > 1,\ \overline{I}(A) > 1,\ \overline{I}(B) \leq 1$:

$$\overline{P}_\delta(A \cup B) = 1 - \int_{(A \cup B)^c} \underline{\pi}_\delta(\theta)\, d\theta = 1 - \int_{A^c \cap B^c} \underline{\pi}_\delta(\theta)\, d\theta$$

$$= 1 - \left(\int_{A^c} \underline{\pi}_\delta(\theta)\, d\theta + \int_{B^c} \underline{\pi}_\delta(\theta)\, d\theta - \int_{A^c \cup B^c = \mathbb{R}} \underline{\pi}_\delta(\theta)\, d\theta \right)$$

$$= 1 - \int_{A^c} \underline{\pi}_\delta(\theta)\, d\theta + \int_B \underline{\pi}_\delta(\theta)\, d\theta = \overline{P}_\delta(A) + \int_B \underline{\pi}_\delta(\theta)\, d\theta$$

d) $\overline{I}(A \cup B) > 1,\ \overline{I}(A) \leq 1,\ \overline{I}(B) > 1$:

   Analog zu Punkt c.

e) $\overline{I}(A \cup B) > 1,\ \overline{I}(A) > 1,\ \overline{I}(B) > 1$:

$$\overline{P}_\delta(A \cup B) = 1 - \int_{(A \cup B)^c} \pi_\delta(\theta)\, d\theta = 1 - \int_{A^c \cap B^c} \pi_\delta(\theta)\, d\theta$$

$$= 1 - \left(\int_{A^c} \pi_\delta(\theta)\, d\theta + \int_{B^c} \pi_\delta(\theta)\, d\theta - \int_{A^c \cup B^c = \mathbb{R}} \pi_\delta(\theta)\, d\theta \right)$$

$$= \left(1 - \int_{A^c} \pi_\delta(\theta)\, d\theta \right) + \left(1 - \int_{B^c} \pi_\delta(\theta)\, d\theta \right)$$

$$+ \left(\int_{\mathbb{R}} \pi_\delta(\theta)\, d\theta - 1 \right)$$

$$= \overline{P}_\delta(A) + \overline{P}_\delta(B) + \left(\int_{\mathbb{R}} \pi_\delta(\theta)\, d\theta - 1 \right)$$

Zusammengefasst gilt somit:

$$\overline{P}_\delta(A \cup B) = \begin{cases} \overline{P}_\delta(A) + \overline{P}_\delta(B) & \text{für } \overline{I}(A \cup B) \leq 1 \Rightarrow \overline{I}(A) \leq 1,\ \overline{I}(B) \leq 1 \\[2ex] \overline{P}_\delta(A) + \overline{P}_\delta(B) + \underbrace{1 - \overline{I}(A \cup B)}_{\leq 0} & \text{für } \overline{I}(A \cup B) > 1,\ \overline{I}(A) \leq 1,\ \overline{I}(B) \leq 1 \\[2ex] \overline{P}_\delta(A) + \underbrace{\int_B \pi_\delta(\theta)\, d\theta}_{\leq \overline{P}_\delta(B)} & \text{für } \overline{I}(A \cup B) > 1,\ \overline{I}(A) > 1,\ \overline{I}(B) \leq 1 \\[2ex] \underbrace{\int_A \pi_\delta(\theta)\, d\theta}_{\leq \overline{P}_\delta(A)} + \overline{P}_\delta(B) & \text{für } \overline{I}(A \cup B) > 1,\ \overline{I}(A) \leq 1,\ \overline{I}(B) > 1 \\[2ex] \overline{P}_\delta(A) + \overline{P}_\delta(B) + \underbrace{\int_{\mathbb{R}} \pi_\delta(\theta)\, d\theta - 1}_{\leq 0} & \text{für } \overline{I}(A \cup B) > 1,\ \overline{I}(A) > 1,\ \overline{I}(B) > 1 \end{cases}$$

Mit einer ähnlichen Fallunterscheidung wie für die obere Grenze lassen sich für die untere Grenze die folgenden Beziehungen zeigen:

$$
\underline{P}_\delta(A \cup B) = \begin{cases}
\underline{P}_\delta(A) + \underline{P}_\delta(B) & \text{für } \underline{I}(A \cup B) > 1 \Rightarrow \underline{I}(A) > 1,\ \underline{I}(B) > 1 \\[2em]
\underline{P}_\delta(A) + \underline{P}_\delta(B) + \underbrace{\int_{\mathbb{R}} \overline{\pi}_\delta(\theta)\, d\theta - 1}_{\geq 0} & \text{für } \underline{I}(A \cup B) \leq 1,\ \underline{I}(A) \leq 1,\ \underline{I}(B) \leq 1 \\[2em]
\underbrace{\int_A \overline{\pi}_\delta(\theta)\, d\theta}_{\geq \underline{P}_\delta(A)} + \underline{P}_\delta(B) & \text{für } \underline{I}(A \cup B) \leq 1,\ \underline{I}(A) > 1,\ \underline{I}(B) \leq 1 \\[2em]
\underline{P}_\delta(A) + \underbrace{\int_B \overline{\pi}_\delta(\theta)\, d\theta}_{\geq \underline{P}_\delta(B)} & \text{für } \underline{I}(A \cup B) \leq 1,\ \underline{I}(A) \leq 1,\ \underline{I}(B) > 1 \\[2em]
\underline{P}_\delta(A) + \underline{P}_\delta(B) + \underbrace{1 - \underline{I}(A \cup B)}_{\geq 0} & \text{für } \underline{I}(A \cup B) \leq 1,\ \underline{I}(A) > 1,\ \underline{I}(B) > 1
\end{cases}
$$

◇

2.7.2 Übungen

1. Betrachten Sie eine von Ihnen gewählte unscharfe Dichte $\pi^\star(\cdot)$ auf dem Intervall $[0,1]$ und berechnen Sie das unscharfe Integral

$$
\int_0^1 \pi^\star(x)\, dx .
$$

2. Berechnen Sie für die unscharfe Dichte $\pi^\star(\cdot)$ aus Aufgabe 1 die unscharfe Wahrscheinlichkeit $P^\star\left([0, \tfrac{1}{2}]\right)$.

3

Beschreibende Statistik mit unscharfen Daten

3.1 Histogramm für unscharfe Daten

Ein Histogramm dient zur Darstellung der Verteilung der Werte einer Stichprobe. Zur Konstruktion des Histogramms wird der Merkmalraum M, d.h. der Raum der möglichen Versuchsausgänge oder Beobachtungen, in k paarweise disjunkte Klassen $K_1, \ldots, K_k$, d.h. $K_i \cap K_j = \emptyset$ für alle $1 \leq i < j \leq k$, mit

$$\bigcup_{i=1}^{k} K_i = M$$

unterteilt. Die einzelnen Klassen müssen dabei nicht notwendigerweise die gleichen Klassenbreiten, nachfolgend mit $b_1, \ldots, b_k$ bezeichnet, haben. Üblicherweise werden jedoch äquidistante Klassen, d.h. $b_1 = b_2 = \ldots = b_k$, gewählt. Im Falle einer Stichprobe $x_1, \ldots, x_n$ mit reellen Werten wird zunächst für jede einzelne Klasse K_i die relative Häufigkeit $\widetilde{h}_n(K_i), i = 1(1)k$, der in ihr enthaltenen Stichprobenelemente ermittelt (# bezeichnet dabei die Anzahl der Elemente der betrachteten Menge):

$$\widetilde{h}_n(K_i) = \frac{\#\{x_j : x_j \in K_i\}}{n}, \qquad i = 1(1)k$$

Eine Darstellung des Histogramms mit den relativen Häufigkeiten als Höhen der Rechtecke über den einzelnen Klassen ist nicht aussagekräftig, da nicht die unterschiedlichen Klassenbreiten berücksichtigt werden. Deshalb werden die durch die Klassenbreiten dividierten relativen Häufigkeiten

$$h_n(K_i) = \frac{\widetilde{h}_n(K_i)}{b_i}, \qquad i = 1(1)k \tag{3.1}$$

als Rechteckshöhen im Histogramm aufgetragen. Die Gesamtfläche der Rechtecke ist 1.

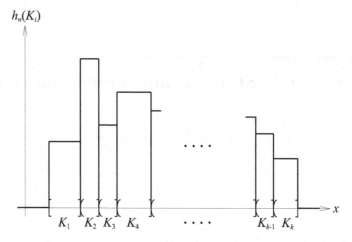

Abbildung 3.1. Histogramm reeller Beobachtungen

Abbildung 3.1 zeigt ein Beispiel für ein Histogramm mit unterschiedlichen Klassenbreiten.

Im Falle unscharfer Daten muss das Konzept des Histogramms verallgemeinert werden, da einzelne unscharfe Beobachtungen nicht notwendigerweise in genau einer Klasse enthalten sein müssen. Die Situation, in der eine Beobachtung nicht eindeutig einer Klasse zugewiesen werden kann, ist in Abbildung 3.2 dargestellt.

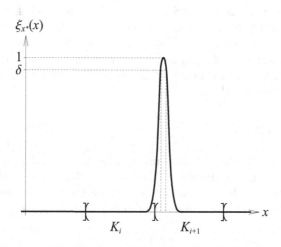

Abbildung 3.2. Unscharfe Beobachtung und Klassifizierung

Aufgrund des nichtleeren Durchschnitts des Trägers $Tr(x^\star)$ mit den beiden Klassen K_i and K_{i+1} muss diese unscharfe Beobachtung in gewisser Weise in der relativen Häufigkeit beider Klassen berücksichtigt werden. Offensichtlich ist für unscharfe Beobachtungen die Angabe von relativen Häufigkeiten mittels reeller Zahlen nicht sinnvoll. Aus diesem Grund wird den verschiedenen Klassen als relative Häufigkeit eine unscharfe Zahl zugewiesen, deren Bestimmung durch folgende Überlegung motiviert wird: der in Abbildung 3.2 eingezeichnete δ-Schnitt der Beobachtung $x^\star$ kann eindeutig der Klasse K_{i+1} zugewiesen werden, d.h., für dieses Niveau darf diese Beobachtung nicht in die relative Häufigkeit für die Klasse K_i mit einberechnet werden. Diese führt zur folgenden Definition.

Definition 3.1 *Die unscharfe relative Häufigkeit $h_n^\star(K_i)$ der Klasse K_i für n unscharfe Beobachtungen $x_1^\star, \ldots, x_n^\star$ wird über deren δ-Schnitte $C_\delta\left(h_n^\star(K_i)\right) = \left[\underline{h}_{n,\delta}(K_i), \overline{h}_{n,\delta}(K_i)\right]$ berechnet. Dabei ist für $\delta \in (0,1]$ die obere Grenze $\overline{h}_{n,\delta}(K_i)$ definiert als die relative Anzahl der Beobachtungen, deren δ-Schnitte mit der Klasse K_i einen nichtleeren Durchschnitt haben, d.h.,*

$$\overline{h}_{n,\delta}(K_i) = \frac{\#\left\{x_j^\star : C_\delta(x_j^\star) \cap K_i \neq \emptyset\right\}}{n}, \tag{3.2}$$

und die untere Grenze $\underline{h}_{n,\delta}(K_i)$ die relative Anzahl der Beobachtungen, deren δ-Schnitte vollständig in der Klasse K_i enthalten sind, d.h.,

$$\underline{h}_{n,\delta}(K_i) = \frac{\#\left\{x_j^\star : C_\delta(x_j^\star) \subseteq K_i\right\}}{n}. \tag{3.3}$$

Auch hier müssen, ähnlich wie in Abschnitt 2.7.1 bei der Berechnung von unscharfen Wahrscheinlichkeiten, die δ-Schnitte nicht halbstetig von oben sein. In diesem Fall kann die charakterisierende Funktion von $h_n^\star(K_i)$ wieder über den Darstellungssatz in Bemerkung 2.8 konstruiert oder die konvexe Hülle von $h_n^\star(K_i)$ (Abschnitt 2.5.2) verwendet werden.

Die aus Definition 3.1 erhaltene relative Häufigkeit ist eine treppenförmige unscharfe Zahl (siehe Abbildung 3.4).

Bemerkung 3.2 *Die Zähler in den Gleichungen (3.2) und (3.3) sind die oberen und unteren Grenzen $\overline{H}_{n,\delta}(K_i)$ und $\underline{H}_{n,\delta}(K_i)$ des δ-Schnittes der absoluten Häufigkeit $H_n^\star(K_i)$ der Klasse K_i.*

In der Darstellung der unscharfen Höhe im Histogramm müssen die unscharfen relativen Häufigkeiten durch die Klassenbreiten dividiert werden (siehe (3.1)), d.h., im Histogramm werden die unscharfen Höhen $\frac{1}{b} \odot h_n^\star(K_i)$ aufgetragen.

Für die obere und untere Grenze des δ-Schnittes der unscharfen relativen Häufigkeit gelten für die Summe aller Klassen folgende Beziehungen:

$$\sum_{i=1}^{k} \underline{h}_{n,\delta}(K_i) \leq 1 \qquad \forall\, \delta \in (0,1] \tag{3.4}$$

und

$$\sum_{i=1}^{k} \overline{h}_{n,\delta}(K_i) \geq 1 \qquad \forall\, \delta \in (0,1]\,. \tag{3.5}$$

Diese Aussage folgt einfach durch Betrachtung der Definition von $\underline{h}_{n,\delta}(\cdot)$ und $\overline{h}_{n,\delta}(\cdot)$: Besitzt der Träger einer unscharfen Beobachtung einen nichtleeren Durchschnitt mit mehr als einer Klasse, so wird diese Beobachtung für die obere Grenze mehrmals gezählt, für die untere Grenze allerdings nicht.

Abbildung 3.3 zeigt einen Ausschnitt einer unscharfen Stichprobe um das Intervall $[1,2]$. In Abbildung 3.4 ist die unscharfe absolute Häufigkeit, d.h. die durch (3.3) und (3.2) berechneten Werte ohne Division durch n, dieser Stichprobe für das Intervall $[1,2]$ dargestellt.

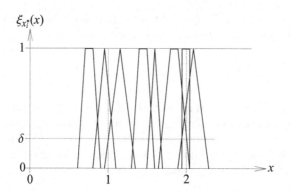

Abbildung 3.3. Unscharfe Stichprobe

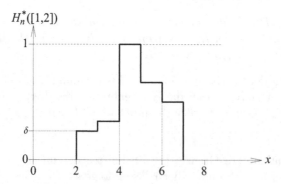

Abbildung 3.4. Unscharfe absolute Häufigkeit $H_n^*([1,2])$

Die Definition des Histogramms für unscharfe Daten rechtfertigt die in Abschnitt 2.7.1 verwendete Definition einer unscharfen Dichte (Definition 2.37): Werden Wahrscheinlichkeitsverteilungen als theoretisches Äquivalent zu relativen Häufigkeiten aufgefasst, so entsprechen die in Definition 2.37 geforderten Bedingungen genau den Eigenschaften von unscharfen relativen Häufigkeiten.

Für die Vereinigung $K_i \cup K_{i+1}$ zweier Klassen K_i und K_{i+1} können folgende Beziehungen zwischen den Grenzen der δ-Schnitte von $C_\delta\left(h_n^\star(K_i \cup K_{i+1})\right)$ und $C_\delta(h_n^\star(K_i))$ bzw. $C_\delta(h_n^\star(K_{i+1}))$ (siehe auch die beiden Ungleichungen (2.17) und (2.18) für unscharfe Dichten) durch einfache Überlegung nachgeprüft werden:

$$\overline{h}_{n,\delta}(K_i \cup K_{i+1}) \leq \overline{h}_{n,\delta}(K_i) + \overline{h}_{n,\delta}(K_{i+1}) \tag{3.6}$$

bzw.

$$\underline{h}_{n,\delta}(K_i \cup K_{i+1}) \geq \underline{h}_{n,\delta}(K_i) + \underline{h}_{n,\delta}(K_{i+1}) \tag{3.7}$$

Weiters besitzen die Klassen $\emptyset$ (leere Menge) und M (d.h., der Merkmalraum ist die einzige Klasse) die relativen Häufigkeiten

$$h_n^\star(\emptyset) = 0 \quad \text{und} \quad h_n^\star(M) = 1\,.$$

3.1.1 Übungen

1. Ermitteln Sie für die in Tabelle 3.1 angegebene unscharfe Stichprobe mit 30 dreieckförmigen Beobachtungen die charakterisierende Funktion der unscharfen relativen Häufigkeit der Klasse $K_i = (1, 1.5]$.

$$\begin{array}{ll}
x_1^\star = d^\star (0.23, 0.04, 0.07) & x_2^\star = d^\star (0.41, 0.03, 0.08) \\
x_3^\star = d^\star (0.64, 0.11, 0.07) & x_4^\star = d^\star (0.76, 0.05, 0.02) \\
x_5^\star = d^\star (0.86, 0.08, 0.04) & x_6^\star = d^\star (0.94, 0.09, 0.04) \\
x_7^\star = d^\star (0.98, 0.12, 0.09) & x_8^\star = d^\star (1.02, 0.03, 0.10) \\
x_9^\star = d^\star (1.08, 0.10, 0.06) & x_{10}^\star = d^\star (1.14, 0.06, 0.09) \\
x_{11}^\star = d^\star (1.23, 0.03, 0.14) & x_{12}^\star = d^\star (1.37, 0.08, 0.06) \\
x_{13}^\star = d^\star (1.46, 0.10, 0.07) & x_{14}^\star = d^\star (1.53, 0.13, 0.15) \\
x_{15}^\star = d^\star (1.64, 0.02, 0.08) & x_{16}^\star = d^\star (1.69, 0.05, 0.12) \\
x_{17}^\star = d^\star (1.78, 0.04, 0.06) & x_{18}^\star = d^\star (1.83, 0.09, 0.05) \\
x_{19}^\star = d^\star (1.95, 0.05, 0.11) & x_{20}^\star = d^\star (1.99, 0.08, 0.09) \\
x_{21}^\star = d^\star (2.04, 0.11, 0.06) & x_{22}^\star = d^\star (2.17, 0.03, 0.05) \\
x_{23}^\star = d^\star (2.25, 0.04, 0.04) & x_{24}^\star = d^\star (2.36, 0.05, 0.09) \\
x_{25}^\star = d^\star (2.40, 0.08, 0.12) & x_{26}^\star = d^\star (2.45, 0.01, 0.08) \\
x_{27}^\star = d^\star (2.49, 0.13, 0.05) & x_{28}^\star = d^\star (2.51, 0.10, 0.14) \\
x_{29}^\star = d^\star (2.57, 0.07, 0.02) & x_{30}^\star = d^\star (2.61, 0.08, 0.06)
\end{array}$$

Tabelle 3.1. Werte von 30 dreieckförmigen unscharfen Beobachtungen

2. Begründen Sie die Gültigkeit der Ungleichungen (3.6) und (3.7).

3.2 Empirische Verteilungsfunktion für unscharfe Daten

Im Falle reeller Beobachtungen $x_1, \ldots, x_n$ ist die empirische Verteilungsfunktion $\widehat{F}_n(\cdot)$ definiert durch

$$\widehat{F}_n(x) = \frac{1}{n} \sum_{i=1}^{n} I_{(-\infty, x]}(x_i) \qquad \forall\, x \in \mathbb{R}\,.$$

Der Wert der empirischen Verteilungsfunktion an der Stelle x ist die relative Häufigkeit aller Beobachtungen, die kleiner oder gleich x sind. Aufgrund dieser Definition ist die empirische Verteilungsfunktion eine treppenförmige Funktion mit Sprungstellen an den beobachteten Werten $x_1, \ldots, x_n$ und Sprunghöhen $\frac{1}{n}$ (im Falle einiger gleicher Beobachtungen ist die Sprunghöhe an diesen Werten ein entsprechendes Vielfaches von $\frac{1}{n}$). In Abbildung 3.5 ist eine empirische Verteilungsfunktion für 6 Beobachtungen dargestellt. Dabei sind $x_{(1)}, \ldots, x_{(6)}$ die der Größe nach geordneten Beobachtungen $x_1, \ldots, x_6$.

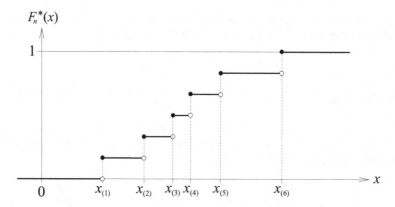

Abbildung 3.5. Empirische Verteilungsfunktion mit 6 Beobachtungen

Im Falle unscharfer Beobachtungen $x_1^\star, \ldots, x_n^\star$ ergeben sich ähnliche Probleme wie bei der Konstruktion des Histogramms: Konnten bei der Berechnung des Histogramms einige Beobachtungen nicht eindeutig den verschiedenen Klassen zugeteilt werden, so kann bei der Berechnung der empirischen Verteilungsfunktion für einige unscharfe Beobachtungen nicht eindeutig festgestellt werden, ob sie kleiner oder größer als ein betrachteter reeller Wert x_0 sind (siehe die Situation in Abbildung 3.6).

In den letzten Jahren gab es mehrere Vorschläge für die Definition einer empirischen Verteilungsfunktion auf Basis unscharfer Beobachtungen, von denen im Folgenden einige angeführt werden.

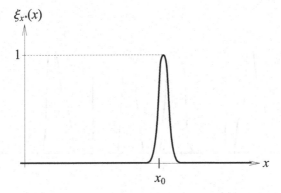

Abbildung 3.6. Unscharfe Beobachtung mit reeller Grenze x_0

3.2.1 Geglättete empirische Verteilungsfunktion

Die geglättete empirische Verteilungsfunktion ist eine reellwertige Funktion, bei der die sprunghaften Übergänge der klassischen empirischen Verteilungsfunktion teilweise durch stetige Übergänge ersetzt werden. Liegen n echt unscharfe Beobachtungen $x_1^\star, \ldots, x_n^\star$, d.h., keine der Beobachtungen ist reellwertig, mit zugehörigen charakterisierenden Funktionen $\xi_{x_1^\star}(\cdot), \ldots, \xi_{x_n^\star}(\cdot)$ vor, so ist die geglättete empirische Verteilungsfunktion $\widehat{F}_n^\star(\cdot)$ definiert durch ihre Funktionswerte

$$\widehat{F}_n^\star(x) = \frac{1}{n} \sum_{i=1}^{n} \frac{\int_{-\infty}^{x} \xi_{x_i^\star}(t)\,dt}{\int_{-\infty}^{\infty} \xi_{x_i^\star}(t)\,dt} \qquad \forall\, x \in \mathbb{R}\,.$$

Aufgrund der vorausgesetzten Unschärfe aller Beobachtungen sind die Größen im Nenner $\int_{-\infty}^{\infty} \xi_{x_i^\star}(t)\,dt \neq 0$ für alle $i = 1(1)n$.

Im Falle gemischter Beobachtungen, d.h., die Stichprobe $x_1^\star, \ldots, x_n^\star$ enthält sowohl exakte reelle als auch unscharfe Beobachtungen, wird die Stichprobe zunächst in zwei Gruppen geteilt: Die erste Gruppe $y_1, \ldots, y_k$ enthält alle exakten reellen Beobachtungen, die zweite Gruppe $y_1^\star, \ldots, y_l^\star$ enthält alle echt unscharfen Beobachtungen ($k + l = n$). Mit dieser Aufteilung ist die geglättete empirische Verteilungsfunktion definiert durch die Funktionswerte

$$\widehat{F}_n^\star(x) = \frac{1}{n} \sum_{i=1}^{k} I_{(-\infty, x]}(y_i) + \frac{1}{n} \sum_{i=1}^{l} \frac{\int_{-\infty}^{x} \xi_{y_i^\star}(t)\,dt}{\int_{-\infty}^{\infty} \xi_{y_i^\star}(t)\,dt} \qquad \forall\, x \in \mathbb{R}\,. \tag{3.8}$$

Abbildung 3.7 zeigt eine Stichprobe mit zwei reellen und vier unscharfen Beobachtungen und die zugehörige geglättete empirische Verteilungsfunktion.

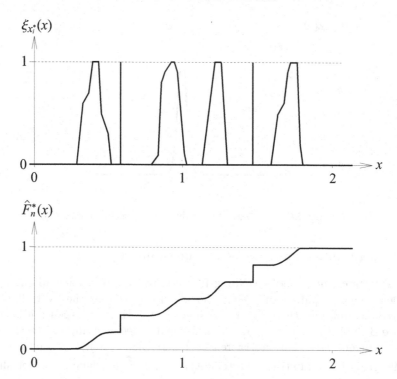

Abbildung 3.7. Unscharfe Beobachtungen mit zugehöriger geglätteter empirischer Verteilungsfunktion

Bemerkung 3.3 *Liegen n echt unscharfe Beobachtungen $x_1^\star, \ldots, x_n^\star$ mit zugehörigen charakterisierenden Funktionen $\xi_{x_1^\star}(\cdot), \ldots, \xi_{x_n^\star}(\cdot)$ vor, so kann neben der geglätteten empirischen Verteilungsfunktion auch eine Verallgemeinerung der Summenkurve zur Darstellung der Verteilung der Beobachtungen verwendet werden. Die verallgemeinerte Summenkurve $S_n^\star(\cdot)$ ist definiert durch*

$$S_n^\star(x) = \frac{\displaystyle\sum_{i=1}^{n} \int_{-\infty}^{x} \xi_{x_i^\star}(t)\, dt}{\displaystyle\sum_{i=1}^{n} \int_{-\infty}^{\infty} \xi_{x_i^\star}(t)\, dt} \qquad \forall x \in \mathbb{R}.$$

Die Funktion existiert aufgrund der vorausgesetzten Unschärfe aller Beobachtungen, d.h., $\int_{-\infty}^{\infty} \xi_{x_i^\star}(t)\, dt \neq 0$ für alle $i = 1(1)n$.

3.2.2 Unscharfe empirische Verteilungsfunktion

Wie bereits bei der Einführung zu diesem Abschnitt erwähnt, ergeben sich bei der Berechnung der empirischen Verteilungsfunktion im Falle unscharfer

Beobachtungen $x_1^\star, \ldots, x_n^\star$ ähnliche Probleme wie bei der Konstruktion des Histogramms, da für einige unscharfe Beobachtungen nicht eindeutig entschieden werden kann, ob sie kleiner oder größer als ein betrachteter reeller Wert x sind. Die Idee der Definition einer unscharfen empirischen Verteilungsfunktion ist es, die reelle Achse in zwei Klassen $K_1 = (-\infty, x]$ und $K_2 = (x, \infty)$ zu unterteilen, und $\widehat{F}_n^\star(x)$ – äquivalent zur Situation bei der Konstruktion des unscharfen Histogramms – als relative Häufigkeit der Klasse K_1 zu definieren. Die Berechnung von $\widehat{F}_n^\star(x)$ erfolgt wieder über die Grenzen der δ-Schnitte

$$C_\delta\left(\widehat{F}_n^\star(x)\right) = \left[\widehat{F}_{U,\delta}(x), \widehat{F}_{O,\delta}(x)\right],$$

wobei die untere Grenze $\widehat{F}_{U,\delta}(x)$ durch die Anzahl der Beobachtungen bestimmt wird, deren δ-Schnitte vollständig in der Klasse K_1 enthalten sind, d.h.,

$$\widehat{F}_{U,\delta}(x) = \frac{\# \{x_i^\star : C_\delta(x_i^\star) \subseteq K_1\}}{n},$$

und die obere Grenze $\widehat{F}_{O,\delta}(x)$ durch die Anzahl der Beobachtungen bestimmt wird, deren δ-Schnitte einen nichtleeren Durchschnitt mit der Klasse K_1 haben, d.h.,

$$\widehat{F}_{O,\delta}(x) = \frac{\# \{x_i^\star : C_\delta(x_i^\star) \cap K_1 \neq \emptyset\}}{n}.$$

Der δ-Schnitt $C_\delta(x_i^\star) = [\underline{x}_{i,\delta}, \overline{x}_{i,\delta}]$ einer unscharfen Zahl $x_i^\star$ liegt genau dann vollständig in der Klasse K_1, wenn für die obere Grenze $\overline{x}_{i,\delta} \leq x$ gilt. Weiters hat der δ-Schnitt genau dann einen nichtleeren Durchschnitt mit der Klasse K_1, wenn für die untere Grenze $\underline{x}_{i,\delta} \leq x$ gilt. Zusammengefasst können die beiden Grenzen $\widehat{F}_{U,\delta}(x)$ und $\widehat{F}_{O,\delta}(x)$ der unscharfen Zahl $\widehat{F}_n^\star(x)$ folgendermaßen berechnet werden:

$$\widehat{F}_{U,\delta}(x) = \frac{1}{n} \sum_{i=1}^{n} I_{(-\infty, x]}(\overline{x}_{i,\delta}) \tag{3.9}$$

und

$$\widehat{F}_{O,\delta}(x) = \frac{1}{n} \sum_{i=1}^{n} I_{(-\infty, x]}(\underline{x}_{i,\delta}) \tag{3.10}$$

Abbildung 3.8 zeigt einen δ-Schnitt einer unscharfen empirischen Verteilungsfunktion mit 10 unscharfen Beobachtungen.

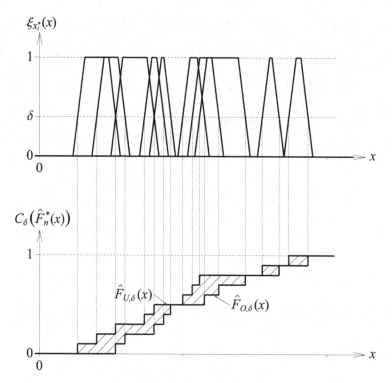

Abbildung 3.8. Unscharfe Beobachtungen und ein δ-Schnitt der unscharfen empirischen Verteilungsfunktion

3.2.3 Übungen

1. Berechnen Sie die geglättete empirische Verteilungsfunktion für die unscharfe Stichprobe $x_1^*, \ldots, x_7^*$ mit den in Abbildung 3.9 dargestellten zugehörigen charakterisierenden Funktionen.

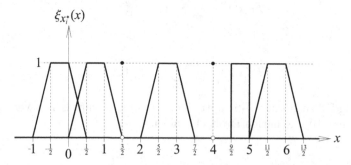

Abbildung 3.9. Charakterisierende Funktionen einer unscharfen Stichprobe

2. Berechnen Sie die zwei δ-Schnitte $\delta \in \{0, 0.5\}$ der unscharfen empirischen Verteilungsfunktion für die Daten aus Aufgabe 1.

3.3 Empirische Fraktile bei unscharfen Daten

In der klassischen Statistik ist für $p \in [0,1]$ das p-Fraktil, auch p-Quantil genannt, einer Verteilungsfunktion $F(\cdot)$ als jener Wert x_p definiert, an der die Verteilungsfunktion den Wert p erreicht, d.h. der kleinste Wert x_p mit $F(x_p) = p$. Ist die Verteilungsfunktion $F(\cdot)$ invertierbar, so kann das p-Fraktil mittels $x_p = F^{-1}(p)$ berechnet werden. Für nichtinvertierbare Verteilungsfunktionen ist die verallgemeinerte Inverse der Verteilungsfunktion definiert durch

$$F^{-1}(p) = \min\left\{ z \in \mathbb{R} \;\middle|\; \widehat{F}(z) \geq p \right\} \qquad \text{für } p \in [0,1].$$

Die Definition der empirischen Fraktile, bzw. der empirischen Quantile, erfolgt über die so genannte invertierte empirische Verteilungsfunktion $\widehat{F}^{-1}(\cdot\,;\cdot,\ldots,\cdot)$. Für reelle Beobachtungen $x_1, \ldots, x_n$ ist die invertierte empirische Verteilungsfunktion für $p \in [0,1]$ definiert durch

$$\widehat{F}_n^{-1}(p) = \widehat{F}_n^{-1}(p\,; x_1, \ldots, x_n) = \min\left\{ z \in \mathbb{R} \;\middle|\; \widehat{F}_n(z) \geq p \right\}. \qquad (3.11)$$

Das empirische p-Fraktil ist jener Wert x_p, an dem die empirische Verteilungsfunktion $\widehat{F}_n(\cdot)$ den Wert p erreicht oder erstmals den Wert p überspringt (die Sprunghöhe der empirischen Verteilungsfunktion ist $\frac{1}{n}$ oder ein Vielfaches dieses Wertes, d.h., nicht alle Werte $p \in [0,1]$ werden als Funktionswerte der empirischen Verteilungsfunktion angenommen). Mit Hilfe der invertierten empirischen Verteilungsfunktion kann das empirische p-Fraktil mittels $x_p = \widehat{F}_n^{-1}(p)$ berechnet werden.

Die praktische Bestimmung des empirischen p-Fraktils für reelle Beobachtungen kann folgendermaßen erfolgen: Zunächst werden die Beobachtungen $x_1, \ldots, x_n$ aufsteigend der Größe nach geordnet. Diese geordnete Folge wird mit $x_{(1)}, \ldots, x_{(n)}$ bezeichnet. Der Funktionswert der empirischen Verteilungsfunktion an dem Wert $x_{(k)}$ ist $\widehat{F}_n(x_{(k)}) = \frac{k}{n}$, d.h., für $p \in [0,1]$ wird der Funktionswert p an der Stelle $x_{(k)}$ für die kleinste natürliche Zahl k mit $k \geq np$ erreicht oder übersprungen. Der entsprechende Wert $x_{(k)}$ ist das gesuchte empirische p-Fraktil.

3.3.1 Empirische Fraktile der geglätteten empirischen Verteilungsfunktion

Für die Definition der empirischen Fraktile der geglätteten empirischen Verteilungsfunktion aus Abschnitt 3.2.1 kann die klassische Definition der Fraktilen herangezogen werden. Das empirische p-Fraktil mit $p \in [0,1]$ ist jener reelle Wert x_p, an dem die geglättete empirische Verteilungsfunktion $\widehat{F}_n^\star(\cdot)$ (Definition (3.8)) den Wert p erreicht. In Verallgemeinerung der Definition der invertierten empirischen Verteilungsfunktion $\widehat{F}_n^{-1}(\cdot)$ (siehe (3.11)) ist die invertierte geglättete empirische Verteilungsfunktion für unscharfe Beobachtungen $x_1^\star, \ldots, x_n^\star$ und $p \in [0,1]$ definiert durch

$$\left(\widehat{F}_n^\star\right)^{-1}(p) = \left(\widehat{F}_n^\star\right)^{-1}(p\,; x_1^\star, \ldots, x_n^\star) = \min\left\{z \in \mathbb{R} \,\middle|\, F_n^\star(z) \geq p\right\}.$$

Mit Hilfe der invertierten geglätteten empirischen Verteilungsfunktion kann das empirische p-Fraktil mittels

$$x_p = \left(\widehat{F}_n^\star\right)^{-1}(p)$$

berechnet werden.

Abbildung 3.10 zeigt eine geglättete empirische Verteilungsfunktion mit zwei eingezeichneten p-Fraktilen x_{p_1} und x_{p_2}.

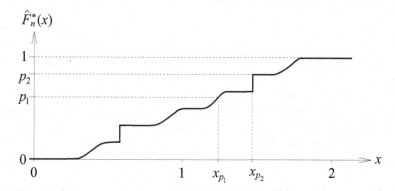

Abbildung 3.10. p-Fraktile einer geglätteten empirischer Verteilungsfunktion

3.3.2 Empirische Fraktile der unscharfen empirischen Verteilungsfunktion

Aus der Definition der verallgemeinerten Inversen der empirischen Verteilungsfunktion ist ersichtlich, dass $\widehat{F}_n^{-1}(p\,; \cdot, \ldots, \cdot)$ eine stetige Funktion der Größen $x_1, \ldots, x_n$ ist. Nach Satz 2.29 ist für unscharfe Beobachtungen $x_1^\star, \ldots, x_n^\star$ der über das Erweiterungsprinzip berechnete unscharfe Wert

$$q_p^\star = \left(\widehat{F}_n^{-1}\right)^\star(p) = \left(\widehat{F}_n^{-1}\right)^\star(p\,; x_1^\star, \ldots, x_n^\star), \qquad p \in [0,1],$$

eine unscharfe Zahl im Sinne der Definition 2.2. Die unscharfe Zahl $q_p^\star$ wird das unscharfe empirische p-Fraktil der unscharfen empirischen Verteilungsfunktion genannt. Die zugehörige charakterisierende Funktion $\xi_{q_p^\star}(\cdot) = \xi_{(\widehat{F}_n^{-1})^\star(p)}(\cdot)$ kann für $p \in [0,1]$ und $z \in \mathbb{R}$ mittels

$$\xi_{q_p^\star}(z) = \xi_{(\widehat{F}_n^{-1})^\star(p)}(z) = \sup \left\{ \xi_{\boldsymbol{x}^\star}(\boldsymbol{x}) \,\middle|\, \widehat{F}_n^{-1}(p\,;\boldsymbol{x}) = z \text{ und } \boldsymbol{x} \in C_\delta(\boldsymbol{x}^\star) \right\}.$$

berechnet werden. Die δ-Schnitte $C_\delta\left(q_p^\star\right)$ können nach Satz 2.29, Punkt 2 für jedes $\delta \in (0,1]$ folgendermaßen berechnet werden:

$$C_\delta\left(q_p^\star\right) = \left[\min_{\boldsymbol{x} \in C_\delta(\boldsymbol{x}^\star)} \widehat{F}_n^{-1}(p\,;\boldsymbol{x}), \max_{\boldsymbol{x} \in C_\delta(\boldsymbol{x}^\star)} \widehat{F}_n^{-1}(p,\boldsymbol{x}) \right] = \left[\widehat{F}_{\mathrm{U},\delta}^{-1}(p), \widehat{F}_{\mathrm{O},\delta}^{-1}(p) \right].$$

Abbildung 3.11 zeigt die Konstruktion eines δ-Schnittes des unscharfen empirischen p-Fraktiles einer unscharfen empirische Verteilungsfunktion.

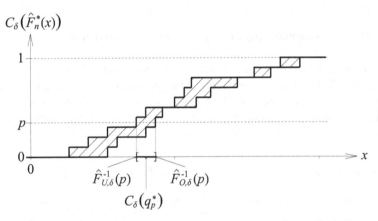

Abbildung 3.11. δ-Schnitt des unscharfen empirischen p-Fraktiles

In der Praxis kann die Berechnung eines unscharfen empirischen Fraktiles nach folgendem Schema erfolgen: Zunächst werden für jedes $\delta \in (0,1]$ die δ-Schnitte $C_\delta(x_i^\star) = [\underline{x}_{i,\delta}, \overline{x}_{i,\delta}]$ der unscharfen Beobachtungen $x_1^\star, \dots, x_n^\star$ berechnet. Die Werte $\overline{x}_{i,\delta}, i = 1\,(1)\,n$, der oberen Grenzen der δ-Schnitte, aufgefasst als reellwertige Stichprobe, bestimmen nach (3.9) die empirische Verteilungsfunktion $\widehat{F}_{\mathrm{U},\delta}(\cdot)$. Äquivalent dazu bestimmen die Werte $\underline{x}_{i,\delta}, i = 1\,(1)\,n$, der unteren Grenzen der δ-Schnitte nach (3.10) die empirische Verteilungsfunktion $\widehat{F}_{\mathrm{O},\delta}(\cdot)$. Die Grenzen des δ-Schnittes $C_\delta\left(q_p^\star\right)$ des unscharfen empirischen p-Fraktiles $q_p^\star$ sind die empirischen p-Fraktile der beiden empirischen Verteilungsfunktionen $\widehat{F}_{\mathrm{U},\delta}(\cdot)$ und $\widehat{F}_{\mathrm{O},\delta}(\cdot)$.

Nach dem in der Einleitung erwähnten Zusammenhang zwischen empirischem p-Fraktil und den aufsteigend geordneten reellen Werten der Beobachtungen einer empirischen Verteilungsfunktion ist die obere Grenze von

$C_\delta\left(q_p^\star\right)$ durch den Wert $\underline{x}_{(k),\delta}$ für den kleinsten Wert k mit $k \geq n\,p$ bestimmt. $\underline{x}_{(1),\delta}, \ldots, \underline{x}_{(n),\delta}$ ist dabei die Folge der der Größe nach aufsteigend geordneten Werte der unteren Grenzen $\underline{x}_{1,\delta}, \ldots, \underline{x}_{n,\delta}$ der δ-Schnitte der unscharfen Beobachtungen. Die untere Grenze von $C_\delta\left(q_p^\star\right)$ ist durch den Wert $\overline{x}_{(k),\delta}$ für den kleinsten Wert k mit $k \geq n\,p$ bestimmt. $\overline{x}_{(1),\delta}, \ldots, \overline{x}_{(n),\delta}$ ist dabei die Folge der der Größe nach aufsteigend geordneten Werte der oberen Grenzen $\overline{x}_{1,\delta}, \ldots, \overline{x}_{n,\delta}$ der δ-Schnitte der unscharfen Beobachtungen.

3.3.3 Übungen

1. Berechnen Sie für die in Abbildung 3.9 dargestellte unscharfe Stichprobe das 0.5-Fraktil der geglätteten empirischen Verteilungsfunktion.

2. Bestimmen Sie die charakterisierende Funktion des unscharfen 0.5-Fraktils der unscharfen empirischen Verteilungsfunktion für die in Abbildung 3.9 dargestellte unscharfe Stichprobe.

3.4 Extremwerte unscharfer Beobachtungen

Liegt eine konkrete Stichprobe von unscharfen Beobachtungen vor, so sind häufig die Extremwerte der Beobachtungen, also das Maximum und das Minimum, von Interesse. Die Definition dieser beiden Größen erfolgt über die Extremwerte der δ-Schnitte $C_\delta(x_i^\star) = \left[\underline{x}_{i,\delta}, \overline{x}_{i,\delta}\right]$ der unscharfen Beobachtungen $x_1^\star, \ldots, x_n^\star$.

3.4.1 Minimum

Für $\delta \in (0,1]$ ist der δ-Schnitt $C_\delta\left(x_{\min}^\star\right)$ des Minimums $x_{\min}^\star = \min\{x_1^\star, \ldots, x_n^\star\}$ durch

$$C_\delta\left(x_{\min}^\star\right) = \left[\min_{i=1(1)n} \underline{x}_{i,\delta}, \; \min_{i=1(1)n} \overline{x}_{i,\delta}\right]$$

definiert.

Diese Definition ist sehr natürlich: Der untere δ-Schnitt des Minimums $x_{\min}^\star$ von n unscharfen Beobachtungen wird durch das Minimum der unteren Grenzen $\underline{x}_{i,\delta}$ der δ-Schnitte der einzelnen Beobachtungen $x_i^\star$ bestimmt, die obere Grenze des Minimums wird durch das Minimum der oberen Grenzen $\overline{x}_{i,\delta}$ der δ-Schnitte der Beobachtungen festgelegt.

3.4.2 Maximum

Das Maximum $x_{\max}^\star = \max\{x_1^\star, \ldots, x_n^\star\}$ der unscharfen Beobachtungen berechnet sich ähnlich zum Minimum über seine δ-Schnitte durch

$$C_\delta\left(x^\star_{\max}\right) = \left[\max_{i=1(1)n}\underline{x}_{i,\delta},\ \max_{i=1(1)n}\overline{x}_{i,\delta}\right],$$

d.h., die untere Grenze von $C_\delta\left(x^\star_{\max}\right)$ ist das Maximum der unteren Grenzen der einzelnen δ-Schnitte, die obere Grenze ist das Maximum der oberen Grenzen der einzelnen δ-Schnitte.

3.4.3 Übungen

1. Berechnen Sie das Minimum und das Maximum für die unscharfe Stichprobe $x^\star_1,\ldots,x^\star_{12}$ mit den in Abbildung 3.12 dargestellten zugehörigen charakterisierenden Funktionen.

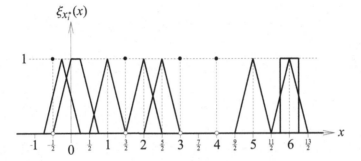

Abbildung 3.12. Charakterisierende Funktionen einer unscharfen Stichprobe

2. Überlegen Sie sich, dass Minimum und Maximum unscharfer Zahlen wieder unscharfe Zahlen sind.

4

Schließende Statistik für unscharfe Daten

4.1 Statistiken von unscharfen Daten

Eine *Statistik* $\mathcal{T}(\cdot, \ldots, \cdot)$ – im klassischen Sinne – ist jede messbare Funktion $\mathcal{T}(X_1, \ldots, X_n)$ einer Stichprobe $X_1, \ldots X_n$. Für unscharfe Beobachtungen $x_1^\star, \ldots, x_n^\star$ mit zugehörigen charakterisierenden Funktionen $\xi_{x_1^\star}(\cdot), \ldots, \xi_{x_n^\star}(\cdot)$ ist es notwendig, den Begriff der Statistik als Funktion von Beobachtungen zu adaptieren. Diese Adaption erfolgt über das in Abschnitt 2.5 definierte Erweiterungsprinzip, d.h. mittels Definition 2.26.

Wichtige und sehr häufig in der klassischen Statistik vorkommende Statistiken reeller Beobachtungen $x_1, \ldots, x_n$ sind der Mittelwert der Beobachtungen

$$\mathcal{T}_1(x_1, \ldots, x_n) = \overline{x}_n = \frac{1}{n} \sum_{i=1}^{n} x_i,$$

die Stichprobenvarianz

$$\mathcal{T}_2(x_1, \ldots, x_n) = s_n^2(x_1, \ldots, x_n) = \frac{1}{n-1} \sum_{i=1}^{n} (x_i - \overline{x}_n)^2$$

sowie das k-te Stichprobenmoment, $k \in \mathbb{N}$,

$$\mathcal{T}_3(x_1, \ldots, x_n) = \widehat{m}^k(x_1, \ldots, x_n) = \frac{1}{n} \sum_{i=1}^{n} x_i^k.$$

Für unscharfe Beobachtungen $x_1^\star, \ldots, x_n^\star$ mit zugehörigen charakterisierenden Funktionen $\xi_{x_1^\star}(\cdot), \ldots, \xi_{x_n^\star}(\cdot)$ wird die Zugehörigkeitsfunktion $\xi_{\mathcal{T}^\star}(\cdot)$ des unscharfen Wertes $\mathcal{T}^\star(x_1^\star, \ldots, x_n^\star)$ einer eindimensionalen Statistik $\mathcal{T} : \mathbb{R}^n \to \mathbb{R}$ nach dem Erweiterungsprinzip durch

$$\xi_{\mathcal{T}^\star}(x) := \left\{ \begin{array}{ll} \sup\{\xi_{\boldsymbol{x}^\star}(\boldsymbol{x}) \,|\, \mathcal{T}(\boldsymbol{x}) = x\} & \text{falls } \exists\, \boldsymbol{x} \in \mathbb{R}^n : \mathcal{T}(\boldsymbol{x}) = x \\ 0 & \text{falls } \nexists\, \boldsymbol{x} \in \mathbb{R}^n : \mathcal{T}(\boldsymbol{x}) = x \end{array} \right\} \quad \forall\, x \in \mathbb{R},$$

berechnet. $\xi_{\boldsymbol{x}^\star}(\cdot,\ldots,\cdot)$ ist dabei die vektorcharakterisierende Funktion des durch die Minimum-Kombinationsregel aus den unscharfen Beobachtungen $x_1^\star,\ldots,x_n^\star$ kombinierten unscharfen Vektors $\boldsymbol{x}^\star$. Für eine stetige Statistik $\mathcal{T}(\cdot,\ldots,\cdot)$ ist der Funktionswert $\mathcal{T}^\star(x_1^\star,\ldots,x_n^\star)$ nach Satz 2.29, Punkt 1 eine unscharfe Zahl nach Definition 2.2. Im Falle einer nicht stetigen Statistik $\mathcal{T}(\cdot,\ldots,\cdot)$ muss $\mathcal{T}^\star(x_1^\star,\ldots,x_n^\star)$ keine unscharfe Zahl sein (siehe dazu auch die Bemerkung 2.28). In diesem Fall kann als unscharfer Wert der Statistik die in Abschnitt 2.5.2 definierte konvexe Hülle des unscharfen Wertes $\mathcal{T}^\star(x_1^\star,\ldots,x_n^\star)$ herangezogen werden.

Die praktische Anwendung des Erweiterungsprinzips kann für einige Statistiken durch die notwendige Bestimmung der Urbilder der einzelnen Funktionswerte mit einem hohen Rechenaufwand verbunden sein. Für stetige Statistiken kann die in Satz 2.29, Punkt 2 hergeleitete Darstellung der δ-Schnitte $C_\delta\big(\mathcal{T}^\star(x_1^\star,\ldots,x_n^\star)\big)$ verwendet werden:

$$C_\delta\big(\mathcal{T}^\star(x_1^\star,\ldots,x_n^\star)\big) = \left[\min_{\boldsymbol{x}\in C_\delta(\boldsymbol{x}^\star)} \mathcal{T}^\star(\boldsymbol{x}), \max_{\boldsymbol{x}\in C_\delta(\boldsymbol{x}^\star)} \mathcal{T}^\star(\boldsymbol{x})\right] \quad \forall\, \delta \in (0,1].$$

Die charakterisierende Funktion $\xi_{\mathcal{T}^\star}(\cdot)$ wird aus diesen δ-Schnitten mit Hilfe des Darstellungssatzes (Satz 2.5) durch

$$\xi_{\mathcal{T}^\star}(x) = \max\left\{\delta \cdot I_{C_\delta\left(\mathcal{T}^\star(x_1^\star,\ldots,x_n^\star)\right)}(x) \,\Big|\, \delta \in [0,1]\right\}, \qquad \forall\, x \in \mathbb{R},$$

berechnet. Diese Vorgangsweise erlaubt für manche Statistiken die Entwicklung praktischer und sehr einfacher Algorithmen zur Berechnung der oberen und unteren Grenze der δ-Schnitte von $\mathcal{T}^\star(x_1^\star,\ldots,x_n^\star)$.
Für die oben angeführte Statistik $\mathcal{T}_1(\cdot,\ldots,\cdot)$, d.h. den Mittelwert der Beobachtungen, wurde die Berechnung bereits in Abschnitt 2.5.3 (siehe (2.7)) behandelt.
In den folgenden beiden Abschnitten 4.1.1 bzw. 4.1.2 werden einfache Algorithmen, ohne die Verwendung umfangreicher mathematischer Methoden, zur Berechnung der oben angeführten Statistik $\mathcal{T}_2(\cdot,\ldots,\cdot)$ und $\mathcal{T}_3(\cdot,\ldots,\cdot)$ im Falle unscharfer Beobachtungen vorgestellt.

4.1.1 Praktische Berechnung der unscharfen Stichprobenvarianz

Die unscharfe Stichprobenvarianz ist das so genannte *zweite zentrale empirische Moment* der Stichprobe.
Für eine Stichprobe der Größe n von reellen Beobachtungen $x_1,\ldots,x_n$ berechnet sich die Stichprobenvarianz s_n^2 (als Funktion der Beobachtungen) durch

$$s_n^2(x_1,\ldots,x_n) = \frac{1}{n-1}\sum_{i=1}^n (x_i - \overline{x}_n)^2 = \frac{1}{n-1}\left(\sum_{i=1}^n x_i^2 - n\,\overline{x}_n^2\right). \quad (4.1)$$

Für unscharfe Beobachtungen $x_1^\star, \ldots, x_n^\star$ mit δ-Schnitten $C_\delta(x_i^\star) = [\underline{x}_{i,\delta}, \overline{x}_{i,\delta}]$ wird die unscharfe Stichprobenvarianz $(s_n^2)^\star$ mit Hilfe des Erweiterungsprinzips aus der Funktion s_n^2 berechnet. Die Stichprobenvarianz s_n^2 ist eine stetige Funktion der Beobachtungen, d.h., nach Satz 2.29, Punkt 2 können die δ-Schnitte $C_\delta\big((s_n^2)^\star\big)$ durch

$$C_\delta\left((s_n^2)^\star\right) = \left[\min_{\boldsymbol{x} \in C_\delta(x_1^\star) \times \ldots \times C_\delta(x_n^\star)} s_n^2(\boldsymbol{x}), \max_{\boldsymbol{x} \in C_\delta(x_1^\star) \times \ldots \times C_\delta(x_n^\star)} s_n^2(\boldsymbol{x})\right]$$

berechnet werden. Die konkrete Berechnung der beiden Grenzen ist allerdings weitaus schwieriger, als es beispielsweise für den Mittelwert der Fall war. Im Gegensatz zum Mittelwert ist die Stichprobenvarianz keine monoton steigende Funktion der einzelnen Variablen, d.h., die untere Grenze des δ-Schnittes wird nicht durch die unteren Grenzen der δ-Schnitte der einzelnen Beobachtungen bestimmt – eine entsprechende Aussage gilt für die obere Grenze.

Die Berechnung der oberen und unteren Grenze stellt somit eine Extremwertaufgabe unter Nebenbedingungen dar: Zu bestimmen sind

$$\min s_n^2(x_1, \ldots, x_n) \qquad \text{und} \qquad \max s_n^2(x_1, \ldots, x_n)$$

mit $\underline{x}_{i,\delta} \leq x_i \leq \overline{x}_{i,\delta}, i = 1(1)n$.

Die Entwicklung eines praktischen und ohne aufwändige mathematische Methoden auskommenden Algorithmus beruht auf der rekursiven Berechnungsmöglichkeit der Stichprobenvarianz: Die Beobachtungen $(x_1, \ldots, x_{n-1})$ besitzen die aus (4.1) berechnete Stichprobenvarianz s_{n-1}^2 und den Mittelwert $\overline{x}_{n-1}$. Wird ein weiterer Wert x_n beobachtet, so kann die Stichprobenvarianz s_n^2 der n Beobachtungen $(x_1, \ldots, x_{n-1}, x_n)$ durch

$$s_n^2 = \frac{n-2}{n-1} s_{n-1}^2 + \frac{(\overline{x}_{n-1} - x_n)^2}{n} \tag{4.2}$$

rekursiv aus s_{n-1}^2 berechnet werden. Ist andererseits die Stichprobenvarianz s_n^2 der n Beobachtungen $(x_1, \ldots, x_n)$ bekannt und es soll die Stichprobenvarianz s_{n-1}^2 der ersten $n - 1$ Beobachtungen $(x_1, \ldots, x_{n-1})$ bestimmt werden, so folgt aus (4.2):

$$s_{n-1}^2 = \frac{n-1}{n-2} \left(s_n^2 - \frac{(\overline{x}_{n-1} - x_n)^2}{n} \right) \tag{4.3}$$

Das Stichprobenmittel $\overline{x}_{n-1}$ wird dabei aus dem Stichprobenmittel $\overline{x}_n$ durch

$$\overline{x}_{n-1} = \frac{n\,\overline{x}_n - x_n}{n-1}$$

berechnet.

Berechnung der unteren Grenze des δ-Schnittes

Zunächst kann auf einfache Weise nachgeprüft werden, ob die unterer Grenze der Stichprobenvarianz gleich 0 ist. Dies ist dann der Fall, wenn alle δ-Schnitte eine gemeinsame reelle Zahl enthalten, also wenn die Bedingung

$$\max_{i=1(1)n} \underline{x}_{i,\delta} \leq \min_{i=1(1)n} \overline{x}_{i,\delta}$$

erfüllt ist. Aufgrund der Schachtelung der δ-Schnitte (Bemerkung 2.7) folgt: Ist ab einem bestimmten δ-Schnitt δ_0 die untere Grenze gleich 0, so auch für alle δ-Schnitte mit $\delta \leq \delta_0$.

Ist die obige Bedingung nicht erfüllt, d.h., die untere Grenze ist nicht 0, so kann mit dem nachfolgenden Algorithmus ein reeller Vektor

$$(\widehat{x}_1, \ldots, \widehat{x}_n) \in C_\delta(x_1^\star) \times \ldots \times C_\delta(x_n^\star)$$

gefunden werden, an dem die untere Grenze von $C_\delta\left(\left(s_n^2\right)^\star\right)$, d.h. die kleinste Stichprobenvarianz, angenommen wird.

Algorithmus zur Bestimmung des Vektors mit der kleinsten Stichprobenvarianz:
1. Schritt:
   Zunächst wird der Vektor betrachtet, der durch die unteren Grenzen der δ-Schnitte der einzelnen Beobachtungen bestimmt wird, d.h.,

$$\boldsymbol{x}_{\min} = (x_{\min,1}, \ldots, x_{\min,n}) = \left(\underline{x}_{1,\delta}, \ldots, \underline{x}_{n,\delta}\right).$$

In Abbildung 4.1 sind die Werte des Vektors mit einem Punkt gekennzeichnet.

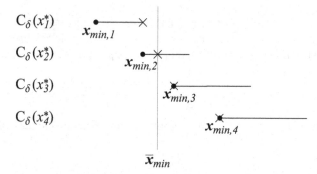

Abbildung 4.1. Schrittweise Berechnung der Stichprobenvarianz

An diesem Vektor wird mit Bestimmtheit nicht die kleinste Stichprobenvarianz angenommen (außer es liegen nur reelle Beobachtungen vor). Dennoch hat die Betrachtung dieses Vektors einen Vorteil: Nachdem die einzelnen Komponenten des Vektors x_{min} die unteren Werte der entsprechenden
einzelnen δ-Schnitte sind, können sie nur größer werden (allerdings kann
der i-te Eintrag $x_{min,i}$ von x_{min} maximal bis zur oberen Grenze $\overline{x}_{i,\delta}$ des
i-ten δ-Schnittes anwachsen).

2. Schritt:
Aus Formel (4.1) zur Berechnung der Stichprobenvarianz ist ersichtlich,
dass die Stichprobenvarianz umso kleiner wird, je näher die einzelnen Beobachtungen beim gemeinsamen Mittelwert liegen. Deshalb wird ein neuer
Vektor $\widehat{x}_{min}$ konstruiert, dessen einzelne Einträge so nahe wie möglich an
den Mittelwert $\overline{x}_{min}$ des reellen Vektors x_{min} gelegt wird. Für jede einzelne
Größe sind drei verschiedene Situationen möglich:

a) Liegt der Mittelwert $\overline{x}_{min}$ für eine unscharfe Beobachtung $x_i^\star$ innerhalb
des δ-Schnittes $C_\delta(x_i^\star)$ (in Abbildung 4.1 beispielsweise für $C_\delta(x_2^\star)$), so
kann für die entsprechende Stelle $\widehat{x}_{min,i}$ in $\widehat{x}_{min}$ der neue Wert gleich
$\overline{x}_{min}$ gewählt werden, d.h., $\widehat{x}_{min,i} = \overline{x}_{min}$.

b) Liegt für eine unscharfe Beobachtung $x_i^\star$ ihr δ-Schnitt $C_\delta(x_i^\star)$ vollständig links/unterhalb des Mittelwertes $\overline{x}_{min}$ (in Abbildung 4.1 beispielsweise für $C_\delta(x_1^\star)$), so ist der neue Wert für die entsprechende
Stelle $\widehat{x}_{min,i}$ in $\widehat{x}_{min}$ gleich der oberen Grenze des δ-Schnittes, d.h.,
$\widehat{x}_{min,i} = \overline{x}_{i,\delta}$

c) Liegt für eine unscharfe Beobachtung $x_i^\star$ ihr δ-Schnitt $C_\delta(x_i^\star)$ vollständig rechts/oberhalb des Mittelwertes $\overline{x}_{min}$ (in Abbildung 4.1 beispielsweise für $C_\delta(x_3^\star)$ und $C_\delta(x_4^\star)$), so ist der neue Wert für die entsprechende Stelle $\widehat{x}_{min,i}$ in $\widehat{x}_{min}$ gleich der unteren Grenze des δ-Schnittes,
d.h., $\widehat{x}_{min,i} = \underline{x}_{i,\delta}$

In Abbildung 4.1 sind die Werte des neuen Vektors durch ein Kreuz gekennzeichnet.

Fasst man die drei obigen Möglichkeiten zusammen, so kann der Wert
$\widehat{x}_{min,i}$ einfach durch

$$\widehat{x}_{min,i} = \max\left\{\underline{x}_{i,\delta}, \min\left\{\overline{x}_{min}, \overline{x}_{i,\delta}\right\}\right\}$$

berechnet werden.
Eine Folgerung dieser Vorgehensweise ist, dass die einzelnen Werte des
neuen Vektors $\widehat{x}_{min}$ nicht kleiner als die entsprechenden Werte im vorigen
Vektor x_{min} sind Damit wird auch der Mittelwert $\overline{\widehat{x}}_{min}$ des neuen Vektors
größer. Weiters liegen die Werte in $\widehat{x}_{min}$ näher zusammen als die Einträge
des vorigen Vektors x_{min}, d.h., die Stichprobenvarianz ist kleiner.

3. Schritt – Abbruchbedingung:
Nach Beendigung des 2. Schrittes wird $x_{min} = \widehat{x}_{min}$ gesetzt. Schritt 2
wird nun so oft ausgeführt, bis sich das Ergebnis nicht mehr wesentlich
ändert. Beispielsweise kann für eine vorgegebene Genauigkeit ε, z.B. $\varepsilon =
10^{-7}$, folgende Abbruchbedingung verwendet werden: Das Verfahren wird

abgebrochen, falls sich die untere Grenze der Stichprobenvarianz in einem Schritt nicht wesentlich verkleinert hat, d.h., $|s_n^2(\widehat{\boldsymbol{x}}_{\min}) - s_n^2(\boldsymbol{x}_{\min})| < \varepsilon$, und sich die einzelnen Werte der Vektoren $\widehat{\boldsymbol{x}}_{\min}$ und $\boldsymbol{x}_{\min}$ nicht wesentlich ändern, d.h., $|\widehat{x}_{\min,i} - x_{\min,i}| < \varepsilon, i = 1(1)n$.

Eine anschauliche Begründung für die Funktionalität des beschriebenen Verfahrens ist folgende: Angenommen der Vektor $(\widehat{x}_1, \ldots, \widehat{x}_n)$ bestimmt die untere Grenze von $C_\delta\big((s_n^2)^\star\big)$, d.h. die kleinste Stichprobenvarianz, die aus Werten $x_i \in C_\delta(x_i^\star)$ erhalten werden kann. Der Mittelwert dieses Vektors ist $\overline{\widehat{x}}_n$. Die einzelnen Werte von $(\widehat{x}_1, \ldots, \widehat{x}_n)$ sind größer als die entsprechenden Werte im Startvektor $\boldsymbol{x}_{\min} = (x_{\min,1}, \ldots, x_{\min,n})$, d.h. $x_{\min,i} \leq \widehat{x}_i$. Deshalb ist auch der Mittelwert $\overline{\widehat{x}}_n$ größer als der Mittelwert $\overline{x}_{\min}$ des Startvektors. Es soll nun die Stichprobenvarianz s_n^2 von $\boldsymbol{x}_{\min}$ verkleinert werden, indem der erste Eintrag $x_{\min,1}$ auf den Wert y verändert wird. Fasst man die beiden Gleichungen (4.2) und (4.3) zusammen, so folgt für die neue Varianz $\widetilde{s}_n^2 = s_n^2(y, x_{\min,2}, \ldots, x_{\min,n})$ mit $\overline{x}_{n-1}$ als Mittelwert von $(x_{\min,2}, \ldots, x_{\min,n})$:

$$\widetilde{s}_n^2 = s_n^2 + \frac{(\overline{x}_{n-1} - y)^2}{2} - \frac{(\overline{x}_{n-1} - x_{\min,1})^2}{2} . \qquad (4.4)$$

Aus dieser Darstellung ist ersichtlich, dass die Stichprobenvarianz umso kleiner wird, je näher y beim Mittelwert von $(x_{\min,2}, \ldots, x_{\min,n})$ liegt. Anstatt jeden einzelnen Eintrag gesondert zu behandeln (dies erfordert eine große Anzahl von Rechenschritten), werden alle Einträge zusammen betrachtet und für diese Betrachtung der gemeinsame Mittelwert $\overline{x}_{\min}$ verwendet. Mit jeder Ausführung von Schritt 2 nähern sich die Werte von $\boldsymbol{x}_{\min}$ den Werten von $(\widehat{x}_1, \ldots, \widehat{x}_n)$ an. Ebenso nähert sich der Mittelwert $\overline{x}_{\min}$ dem Wert $\overline{\widehat{x}}_n$. Der Algorithmus bricht ab, wenn keine merkliche Verbesserung dieser Annäherung beobachtbar ist.

Der Algorithmus, der im Prinzip auf der oben beschriebenen Idee beruht und jeden einzelnen Eintrag gesondert untersucht, wird im nachfolgenden Abschnitt 4.1.1 verwendet. Er besitzt im Allgemeinen eine schnellere Konvergenz (d.h., weniger Durchläufe des 2. Schrittes werden benötigt), allerdings ist der Rechenaufwand dieses Algorithmus, wie bereits erwähnt, höher (siehe auch Bemerkung 4.1 am Ende dieses Abbschnitts). In der praktischen Anwendung ist für die Berechnung der unteren Grenze der oben beschriebene Algorithmus schneller.

Berechnung der oberen Grenze des δ-Schnittes

Die folgende einfache Überlegung führt zum Schluss, dass die Werte an denen die maximale Stichprobenvarianz angenommen wird, an den Grenzen der δ-Schnitte der einzelnen Beobachtungen liegen: Aus Formel (4.1) zur Berechnung der Stichprobenvarianz und aus Formel (4.4) ist ersichtlich, dass die Stichprobenvarianz umso größer wird, je weiter die einzelnen Beobachtungen vom gemeinsamen Mittelwert entfernt liegen. Wird deshalb ein Wert innerhalb eines Intervalls gefunden, so kann die Stichprobenvarianz vergrößert werden, indem der Wert – abhängig vom Mittelwert – an die obere oder untere Intervallgrenze verschoben wird (siehe (4.4)).

Durch einfache Beispiele kann gezeigt werden, dass es nicht reicht den Algorithmus aus Abschnitt 4.1.1 für das Maximum zu übernehmen. Eine genauere Untersuchung der Ursachen zeigt, dass der Grund für die entstehenden Probleme in der Aktualisierung des gesamten Vektors liegt. Mit einer kleinen Änderung im 2. Schritt kann dieses auftretende Problem beseitigt werden.

Algorithmus zur Bestimmung des Vektors mit der größten Stichprobenvarianz:
1. Schritt:
   Wie auch bei der Berechnung der kleinsten Stichprobenvarianz wird zunächst der Vektor betrachtet, der durch die unteren Grenzen der δ-Schnitte der einzelnen Beobachtungen bestimmt wird, d.h.,

$$\boldsymbol{x}_{\max} = (x_{\max,1}, \dots, x_{\max,n}) = \left(\underline{x}_{1,\delta}, \dots, \underline{x}_{n,\delta}\right) .$$

An diesem Vektor wird mit Bestimmtheit nicht die größte Stichprobenvarianz angenommen (außer es liegen nur reelle Beobachtungen vor). Im Gegensatz zur Bestimmung der unteren Grenze kann in diesem Fall auch jeder andere (mögliche) Vektor als Startvektor gewählt werden.
2. Schritt:
   In n Schritten wird jeder einzelne Wert im Vektor $\boldsymbol{x}_{\max}$ untersucht, ob er verändert werden muss, und wenn nötig geändert.
   Folgende Untersuchung des i-ten Wertes bezüglich Veränderung oder Änderungsbedingung wird angewandt: Die Stichprobenvarianz des Vektors $\boldsymbol{x}_{\max}$ nach der $(i-1)$-ten nachfolgend beschriebenen Aktualisierung sei s_n^2. Zunächst wird der Beitrag des i-ten Wertes $x_{\max,i}$ aus s_n^2 mit Hilfe der Gleichung (4.3) herausgerechnet. Der Mittelwert $\overline{x}_{n-1}$ des Vektors $(x_{\max,1}, \dots, x_{\max,i-1}, x_{\max,i+1}, \dots, x_{\max,n})$ berechnet sich dabei durch

$$\overline{x}_{n-1} = \frac{n\,\overline{x}_n - x_{\max,i}}{n-1}$$

und die Stichprobenvarianz s_{n-1}^2 durch

$$s_{n-1}^2 = \frac{n-1}{n-2}\left(s_n^2 - \frac{(\overline{x}_{n-1} - x_{\max,i})^2}{n}\right) . \tag{4.5}$$

Nun werden 2 mögliche Varianzen berechnet: Die Varianz, die entsteht, wenn für $x_{\max,i}$ die obere Grenze $\overline{x}_{i,\delta}$ des δ-Schnittes $C_\delta(x_i^\star) = \left[\underline{x}_{i,\delta}, \overline{x}_{i,\delta}\right]$ verwendet wird, und die Varianz, die entsteht, wenn die untere Grenze $\underline{x}_{i,\delta}$ verwendet wird.

a) Der Mittelwert im Falle $x_{\max,i} = \overline{x}_{i,\delta}$ ist

$$\overline{x}_n = \frac{(n-1)\,\overline{x}_{n-1} + \overline{x}_{i,\delta}}{n},$$

die Varianz ist

$$\overline{s}_n^2 = \frac{n-2}{n-1}\,s_{n-1}^2 + \frac{(\overline{x}_{n-1} - \overline{x}_{i,\delta})^2}{n}.$$

b) Der Mittelwert im Falle $x_{\max,i} = \underline{x}_{i,\delta}$ ist

$$\overline{x}_n = \frac{(n-1)\,\overline{x}_{n-1} + \underline{x}_{i,\delta}}{n},$$

die Varianz ist

$$\underline{s}_n^2 = \frac{n-2}{n-1}\,s_{n-1}^2 + \frac{(\overline{x}_{n-1} - \underline{x}_{i,\delta})^2}{n}.$$

Ist $\overline{s}_n^2 > \underline{s}_n^2$, so wird $x_{\max,i} = \overline{x}_{i,\delta}$, ansonsten wird $x_{\max,i} = \underline{x}_{i,\delta}$ gesetzt. Die Varianz und der Mittelwert dieses neuen Vektors (der gleich dem alten Vektor sein kann) können aus dem entsprechenden Punkt a) oder b) abgelesen werden.

3. Schritt – Abbruchbedingung:
   Schritt 2 wird nun so oft ausgeführt, bis die Varianz bei einem gesamten Durchlauf, d.h. dem Durchlauf aller n Schnitte, nicht mehr größer wird.

Bemerkung 4.1 Der obige Algorithmus kann in modifizierter Weise auch zur Bestimmung des Minimums verwendet werden.

4.1.2 Die k-ten Momente von Verteilungen

Für eine stochastische Größe X ist das k-te Moment m^k als Erwartungswert von X^k definiert. Für eine stetige Zufallsvariable X mit zugehöriger Dichte $f(\cdot)$ berechnet sich das k-te Moment durch

$$m^k = \mathbb{E}\left(X^k\right) = \int_{\mathbb{R}} x^k\, f(x)\, dx$$

und für eine diskrete Zufallsvariable X mit Merkmalraum M_X, d.h. der Raum der möglichen Werte von X, durch

$$m^k = \mathbb{E}\left(X^k\right) = \sum_{x \in M_X} x^k\, p(x).$$

Im Sinne dieser Definition ist der Erwartungswert das erste Moment einer stochastischen Größe.

Für eine reellwertige Stichprobe $x_1, \ldots, x_n$ ist das k-te empirische Moment $\widehat{m}^k$ definiert durch

$$\widehat{m}^k(x_1, \ldots, x_n) = \frac{1}{n} \sum_{i=1}^{n} x_i^k. \tag{4.6}$$

Das k-te empirische Moment n unscharfer Beobachtungen $x_1^\star, \ldots, x_n^\star$ ist über die Verallgemeinerung des k-ten empirischen Moments (4.6) mittels Fortsetzungsprinzip definiert. Der Wert $\widehat{m}^k$ in (4.6) ist eine stetige Funktion der Beobachtungen $x_1, \ldots, x_n$, d.h., das unscharfe k-te empirische Moment $(\widehat{m}^k)^\star$ ist nach Satz 2.29, Punkt 1 eine unscharfe Zahl im Sinne der Definition 2.2. Nach Satz 2.29, Punkt 2 kann der δ-Schnitt $C_\delta\big((\widehat{m}^k)^\star\big)$ von $(\widehat{m}^k)^\star$ für alle $\delta \in (0,1]$ durch

$$C_\delta\left((\widehat{m}^k)^\star\right) = \left[\min_{\boldsymbol{x} \in C_\delta(\boldsymbol{x}^\star)} \widehat{m}^k(x_1, \ldots, x_n), \max_{\boldsymbol{x} \in C_\delta(\boldsymbol{x}^\star)} \widehat{m}^k(x_1, \ldots, x_n) \right]$$

$$= \left[\min_{\boldsymbol{x} \in C_\delta(\boldsymbol{x}^\star)} \frac{1}{n} \sum_{i=1}^{n} x_i^k, \max_{\boldsymbol{x} \in C_\delta(\boldsymbol{x}^\star)} \frac{1}{n} \sum_{i=1}^{n} x_i^k \right] \tag{4.7}$$

berechnet werden.

Für die praktische Berechnung des k-ten empirischen Moments einer unscharfen Stichprobe $x_1^\star, \ldots, x_n^\star$ mit zugehörigen δ-Schnitten $C_\delta(x_i^\star) = [\underline{x}_{i,\delta}, \overline{x}_{i,\delta}]$ sind zwei Fälle bezüglich k zu unterscheiden.

1. k ist eine ungerade Zahl:
   In diesem Fall ist die Funktion $f(x) = x^k$ streng monoton steigend. Aus (4.7) folgt für die Grenzen der δ-Schnitte von $(\widehat{m}^k)^\star$:

$$C_\delta\left((\widehat{m}^k)^\star\right) = \left[\frac{1}{n} \sum_{i=1}^{n} \underline{x}_{i,\delta}^k, \frac{1}{n} \sum_{i=1}^{n} \overline{x}_{i,\delta}^k \right] \qquad \forall \delta \in (0,1].$$

   Der Spezialfall für $k = 1$, d.h. der arithmetische Mittelwert der unscharfen Beobachtungen, wurde bereits in Satz 2.32 behandelt.

2. k ist eine gerade Zahl:
   In diesem Fall ist die Funktion $f(x) = x^k$ für $x > 0$ streng monoton steigend und für $x < 0$ streng monoton fallend. Die Funktionswerte x^k sind nicht negativ, und das Minimum der Funktion tritt im Nullpunkt mit $f(0) = 0$ auf.
   Für die Bestimmung des Minimums und Maximums von $f(x) = x^k$ für $x \in C_\delta(x_i^\star)$ aus dem δ-Schnitt der unscharfen Beobachtung $x_i^\star$ sind drei Fälle bezüglich der Lage von $C_\delta(x_i^\star) = [\underline{x}_{i,\delta}, \overline{x}_{i,\delta}]$ zu unterscheiden.
   a) Enthält der δ-Schnitt nur positive Werte, d.h., $0 \leq \underline{x}_{i,\delta}$, so gilt,

$$\min_{x \in C_\delta(x_i^\star)} x^k = \underline{x}_{i,\delta}^k \qquad \text{und} \qquad \max_{x \in C_\delta(x_i^\star)} x^k = \overline{x}_{i,\delta}^k.$$

b) Enthält der δ-Schnitt nur negative Werte, d.h., $\overline{x}_{i,\delta} \leq 0$, so gilt,

$$\min_{x \in C_\delta(x_i^\star)} x^k = \overline{x}_{i,\delta}^k \quad \text{und} \quad \max_{x \in C_\delta(x_i^\star)} x^k = \underline{x}_{i,\delta}^k \,.$$

c) Enthält der δ-Schnitt sowohl positive als auch negative Werte, d.h., $\underline{x}_{i,\delta} < 0$ und $\overline{x}_{i,\delta} > 0$, so gilt,

$$\min_{x \in C_\delta(x_i^\star)} x^k = 0 \quad \text{und} \quad \max_{x \in C_\delta(x_i^\star)} x^k = \max\left\{\underline{x}_{i,\delta}^k,\ \overline{x}_{i,\delta}^k\right\} \,.$$

Die drei Fällen a) bis c) lassen sich folgendermaßen zusammenfassen:

$$\min_{x \in C_\delta(x_i^\star)} x^k = \min\left\{\max\left\{\underline{x}_{i,\delta}^k,\ 0\right\},\ \overline{x}_{i,\delta}^k\right\}$$

und

$$\max_{x \in C_\delta(x_i^\star)} x^k = \max\left\{\underline{x}_{i,\delta}^k,\ \overline{x}_{i,\delta}^k\right\}$$

Die Abfrage $\min\{\max\{\cdot,\ 0\},\ \cdot\}$ bei der Bestimmung des Minimums dient zur Feststellung, ob die Zahl 0 im δ-Schnitt der unscharfen Beobachtung $x_i^\star$ enthalten ist. Somit folgt aus (4.7) für die Grenzen der δ-Schnitte von $\left(\widehat{m}^k\right)^\star$ für alle $\delta \in (0,1]$:

$$C_\delta\left(\left(\widehat{m}^k\right)^\star\right)$$
$$= \left[\frac{1}{n}\sum_{i=1}^{n}\min\left\{\max\left\{\underline{x}_{i,\delta}^k,\ 0\right\},\ \overline{x}_{i,\delta}^k\right\},\ \frac{1}{n}\sum_{i=1}^{n}\max\left\{\underline{x}_{i,\delta}^k,\ \overline{x}_{i,\delta}^k\right\}\right]$$

4.1.3 Übungen

1. Berechnen Sie für die unscharfe Stichprobe $x_1^\star,\ldots,x_{12}^\star$ mit den in Abbildung 3.12 dargestellten charakterisierenden Funktionen die charakterisierende Funktion des unscharfen Stichprobenmittels $\overline{x}_{12}^\star$.

2. Berechnen Sie die Stichprobenvarianz für die unscharfe Stichprobe $x_1^\star,\ldots,x_{12}^\star$ mit den in Abbildung 3.12 dargestellten zugehörigen charakterisierenden Funktionen.

4.2 Schätzwerte für Parameter

Eine wichtige Aufgabe der schließenden Statistik ist die Schätzung des Parameters θ für ein parametrisches stochastisches Modell $X \sim f(\cdot\,|\,\theta), \theta \in \Theta$, aus einer Stichprobe. Der Parameterraum Θ besteht dabei aus allen in Frage kommenden Werte für θ.

Ausgehend vom Merkmalraum M_X, d.h. dem Raum aller möglichen Werte der stochastischen Größe X, und dem daraus resultierenden Stichprobenraum M_X^n, d.h. dem Raum aller möglichen Stichproben der stochastischen Größe X, wird in der klassischen schließenden Statistik eine Schätzung durch eine (messbare) Schätzfunktion $\vartheta : M_X^n \to \Theta$ beschrieben. Jeder konkreten Stichprobe $(x_1, \ldots, x_n) \in M_X^n$ wird dabei ein Schätzwert $\widehat{\theta} = \vartheta(x_1, \ldots, x_n) \in \Theta$ zugeordnet.

Liegen in der praktischen Anwendung nur unscharfe Beobachtungen der stochastischen Größe X in Form einer unscharfen Stichprobe $x_1^\star, \ldots, x_n^\star$ mit zugehörigen charakterisierenden Funktionen $\xi_{x_1^\star}(\cdot), \ldots, \xi_{x_n^\star}(\cdot)$ vor, so wird zunächst aus der klassischen Theorie eine Schätzfunktion $\vartheta(\cdot, \ldots, \cdot)$ für den Parameter θ hergeleitet. Mit Hilfe dieser Schätzfunktion (Statistik) wird ein unscharfer Schätzwert $\widehat{\theta}^\star$ durch Erweiterung der Schätzfunktion auf unscharfe Beobachtungen mittels Erweiterungsprinzip berechnet (Abschnitt 4.1). Die Zugehörigkeitsfunktion $\xi_{\widehat{\theta}^\star}(\cdot)$ des unscharfen Schätzwertes $\widehat{\theta}^\star$ wird nach Abschnitt 4.1 durch

$$\xi_{\widehat{\theta}^\star}(\theta) := \left\{ \begin{array}{cc} \sup\left\{ \xi_{\boldsymbol{x}^\star}(\boldsymbol{x}) \mid \vartheta(\boldsymbol{x}) = \theta \right\} & \text{falls } \exists\, \boldsymbol{x} \in \mathbb{R}^n : \vartheta(\boldsymbol{x}) = \theta \\ 0 & \text{falls } \nexists\, \boldsymbol{x} \in \mathbb{R}^n : \vartheta(\boldsymbol{x}) = \theta \end{array} \right\} \quad \forall\, \theta \in \Theta$$

berechnet. $\xi_{\boldsymbol{x}^\star}(\cdot, \ldots, \cdot)$ ist dabei die vektorcharakterisierende Funktion des durch die Minimum-Kombinationsregel aus den unscharfen Beobachtungen $x_1^\star, \ldots, x_n^\star$ kombinierten unscharfen Vektors $\boldsymbol{x}^\star$.

Beispiel 4.2 Für eine exponentialverteilte stochastische Größe $X \sim Ex_\theta$ mit Parameter θ wurde die in Abbildung 4.2 dargestellte unscharfe Stichprobe $x_1^\star, \ldots, x_8^\star$ beobachtet.

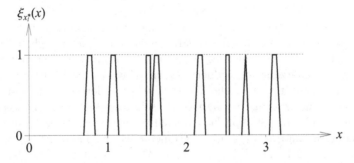

Abbildung 4.2. Unscharfe Stichprobe einer Exponentialverteilung

Aus der klassischen Statistik ist bekannt, dass der Parameter θ der Exponentialverteilung durch den Mittelwert $\overline{x}_n$ der Stichprobe $(x_1, \ldots, x_n)$ geschätzt werden kann. Nach Satz 2.32 können die δ-Schnitte $C_\delta(\widehat{\theta}^\star)$ des mittels des Erweiterungsprinzips berechneten unscharfen Schätzwertes $\widehat{\theta}^\star$ aus den δ-Schnitten $C_\delta(x_i^\star) = \left[\underline{x}_{i,\delta}, \overline{x}_{i,\delta}\right]$ der unscharfen Beobachtungen $x_i^\star$ durch

$$C_\delta(\widehat{\theta}^\star) = \left[\frac{1}{n} \sum_{i=1}^{n} \underline{x}_{i,\delta} \,,\, \frac{1}{n} \sum_{i=1}^{n} \overline{x}_{i,\delta} \right] \qquad \forall\, \delta \in (0,1]$$

berechnet werden. Abbildung 4.3 zeigt die charakterisierende Funktion des geschätzten unscharfen Parameters $\widehat{\theta}^\star$.

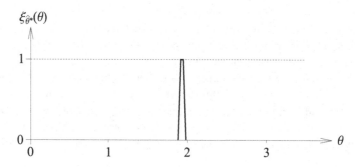

Abbildung 4.3. Schätzung des Parameters der Exponentialverteilung   ◇

4.2.1 Übungen

1. Wie kann die charakterisierende Funktion des unscharfen Schätzwertes für den Erwartungswert einer eindimensionalen stochastischen Größe aus einer unscharfen Stichprobe berechnet werden?

2. Wie kann der Median aus einer unscharfen Stichprobe geschätzt werden?

4.3 Unscharfe Konfidenzbereiche für Parameter

In der klassischen schließenden Statistik können Schätzfunktionen bzw. Schätzwerten von Parametern eines parametrischen stochastischen Modells $X \sim f(\cdot \mid \theta)$, $\theta \in \Theta$, verschiedene Güteeigenschaften zur Beurteilung der Qualität des Schätzers zugeordnet werden: Unverzerrtheit, Effizienz, Konsistenz, Plausibilität usw. (siehe Viertl [Vi03a]). Allerdings ist es selbst für eine qualitativ hochwertige Schätzfunktion sehr unwahrscheinlich, dass der auf Basis einer konkreten Stichprobe ermittelte Schätzwert $\widehat{\theta}$ der „wahre", d.h. der Stichprobe zugrundeliegende, Parameter ist. Es lässt sich zeigen, dass für eine stetige Schätzfunktion $\vartheta : M_X^n \to \Theta$ zur Schätzung des Parameters θ gilt: $P_\theta\big(\vartheta(X_1,\ldots,X_n) = \theta\big) = 0$. Deshalb wird für die quantitative Angabe der Güte von Parameterschätzungen eine Teilmenge des Parameterraumes Θ angegeben, in welcher der wahre Parameter mit großer – vorgegebener – Wahrscheinlichkeit liegt. Diese Teilbereich wird *Konfidenzbereich* genannt. In diesem Sinne ist ein $(1-\alpha)$-Konfidenzbereich für den Parameter θ eine Teilmenge des Parameterraumes Θ, in dem der den beobachteten Daten zugrundeliegende Parameter mit Wahrscheinlichkeit $1-\alpha$ liegt.

Ausgehend vom Merkmalraum M_X und dem daraus resultierenden Stichprobenraum M_X^n, wird in der klassischen schließenden Statistik eine so genannte Bereichsschätzfunktion $\kappa : M_X^n \to \Theta_{1-\alpha} \subseteq \Theta$ mit der Eigenschaft

$$P_\theta \{\theta \in \Theta_{1-\alpha} = \kappa(X_1, \ldots, X_n)\} = 1 - \alpha \quad \forall\, \theta \in \Theta$$

eine *Konfidenzfunktion* für θ mit *Überdeckungswahrscheinlichkeit* $1-\alpha$ genannt. α ist dabei eine positive Zahl nahe bei 0, typischerweise 0.05 oder 0.01.

Bemerkung 4.3 *Konfidenzbereiche sind Teilbereiche des Parameterraumes, welche aus dem zugrundeliegenden stochastischen Modell konstruiert werden. Dieser Teilbereich lässt sich nicht mit einer unscharfen Schätzung des zugrundeliegenden Parameters vergleichen.*

Im Falle einer unscharfen Stichprobe $x_1^\star, \ldots, x_n^\star$ mit zugehörigen charakterisierenden Funktionen $\xi_{x_1^\star}(\cdot), \ldots, \xi_{x_n^\star}(\cdot)$ führt die Unschärfe in den Beobachtungen zu einer Unschärfe im Konfidenzbereich. Die Definition dieses unscharfen Konfidenzbereiches erfolgt über eine dem Erweiterungsprinzip ähnliche Idee.

Definition 4.4 *Für eine Konfidenzfunktion $\kappa : M_X^n \to \Theta_{1-\alpha} \subseteq \Theta$ mit Überdeckungswahrscheinlichkeit $1-\alpha$ ist die Zugehörigkeitsfunktion $\xi_{\Theta_{1-\alpha}^\star}(\cdot)$ des unscharfen Konfidenzbereiches $\Theta_{1-\alpha}^\star$ mit Überdeckungswahrscheinlichkeit $1-\alpha$ für eine unscharfe Stichprobe $x_1^\star, \ldots, x_n^\star$ mit zugehöriger kombinierter vektorcharakterisierender Funktion $\xi_{\boldsymbol{x}^\star}(\cdot, \ldots, \cdot)$ definiert durch*

$$\xi_{\Theta_{1-\alpha}^\star}(\theta) := \left\{ \begin{array}{ll} \sup\{\xi_{\boldsymbol{x}^\star}(\boldsymbol{x}) \mid \theta \in \kappa(\boldsymbol{x})\} & \textit{falls } \exists\, \boldsymbol{x} \in M_X^n : \theta \in \kappa(\boldsymbol{x}) \\ 0 & \textit{falls } \nexists\, \boldsymbol{x} \in M_X^n : \theta \in \kappa(\boldsymbol{x}) \end{array} \right\} \quad \forall\, \theta \in \Theta .$$

Bemerkung 4.5 *Aus Definition 4.4 ist ersichtlich, dass für den unscharfen Konfidenzbereich $\Theta_{1-\alpha}^\star$ gilt:*

$$\xi_{\Theta_{1-\alpha}^\star}(\theta) = 1 \quad \textit{für} \quad \theta \in \bigcup_{\boldsymbol{x}\,:\,\xi_{\boldsymbol{x}^\star}(\boldsymbol{x})=1} \kappa(\boldsymbol{x})$$

In Abbildung 4.4 ist ein eindimensionaler unscharfer Konfidenzbereich dargestellt.

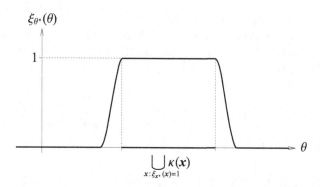

Abbildung 4.4. Unscharfer Konfidenzbereich

4.3.1 Übungen

1. Berechnen Sie einen unscharfen Konfidenzbereich für den Parameter θ der Exponentialverteilung aus Beispiel 4.2 für die unscharfe Stichprobe $x_1^\star, \ldots, x_8^\star$ mit den zugehörigen, in Abbildung 4.2 dargestellten charakterisierenden Funktionen.

2. Begründen Sie die Behauptung in Bemerkung 4.5.

4.4 Statistische Tests bei unscharfen Daten

Statistische Tests dienen zur Prüfung statistischer Hypothesen $\mathcal{H}$. Eine Einführung in die Theorie statistischer Tests bietet das Buch [Vi03a].

Die generelle Vorgangsweise beim Testen ist die Bestimmung einer von der Hypothese abhängigen Teststatistik $\mathcal{T}(\cdot, \ldots, \cdot)$ und eine Unterteilung des gesamten Merkmalraumes der Teststatistik in einen Annahmebereich A und einen Verwerfungsbereich V. Die Testentscheidung auf Grundlage einer konkreten reellen Stichprobe $x_1, \ldots, x_n$ erfolgt nach folgendem Kriterium: Ist der Wert $t = \mathcal{T}(x_1, \ldots, x_n)$ ein Element des Annahmebereiches, d.h., $t \in A$, so wird die Hypothese nicht verworfen, im Falle von $t \in V$ wird die Hypothese verworfen.

4.4.1 Unscharfe Werte von Teststatistiken

Im Falle einer unscharfen Stichprobe $x_1^\star, \ldots, x_n^\star$ mit zugehörigen charakterisierenden Funktionen $\xi_{x_1^\star}(\cdot), \ldots, \xi_{x_n^\star}(\cdot)$ wird zunächst über das Erweiterungsprinzip der unscharfe Wert der Teststatistik

$$t^\star = \mathcal{T}(x_1^\star, \ldots, x_n^\star)$$

mit Zugehörigkeitsfunktion $\xi_{t^*}(\cdot)$ ermittelt. Diese Vorgangsweise entspricht der in Abschnitt 4.1 behandelten Erweiterung von Statistiken auf den Fall unscharfer Daten. Nach dem Erweiterungsprinzip berechnet sich die Zugehörigkeitsfunktion $\xi_{t^*}(\cdot)$ des unscharfen Wertes t^* durch

$$\xi_{t^*}(t) = \sup\left\{\xi_{\boldsymbol{x}^*}(\boldsymbol{x}) \mid \boldsymbol{x} \in \mathbb{R}^n \text{ und } \mathcal{T}(\boldsymbol{x}) = t\right\} \qquad \forall\, t \in \mathbb{R}\,.$$

Für nicht stetige Teststatistiken $\mathcal{T}(\cdot, \ldots, \cdot)$ muss t^* keine unscharfe Zahl im Sinne der Definition 2.2 sein (Bemerkung 2.28). In diesem Fall kann als unscharfer Wert der Teststatistik die in Abschnitt 2.5.2 definierte konvexe Hülle des unscharfen Wertes t^* herangezogen werden.

Besteht die Stichprobe ausschließlich aus reellen Beobachtungen und ist somit der Wert der Teststatistik t ein reeller Wert, so ist immer eine Testentscheidung möglich, da entweder $t \in V$ oder $t \in A$ gilt.

Im Falle unscharfer Beobachtungen und dem daraus entstehenden unscharfen Wert t^* der Teststatistik kann hingegen nicht immer eine Entscheidung bezüglich Annahme oder Ablehnung der Hypothese getroffen werden, da für einige Werte von t^* nicht immer eindeutig entschieden werden kann, ob sie im Annahme- oder im Verwerfungsbereich liegen. Dieses Problem trat in ähnlicher Weise bei der Konstruktion des Histogramms auf (Abschnitt 3.1), wo einzelne unscharfe Beobachtungen nicht eindeutig bestimmten Klassen zugeordnet werden konnten.

Im Falle eines unscharfen Wertes t^* der Teststatistik sind somit drei Fälle möglich:

a) t^*, d.h. $Tr(t^*)$, liegt sicher in V

b) t^*, d.h. $Tr(t^*)$, liegt sicher in A

c) t^* kann nicht eindeutig zugeordnet werden

Abbildung 4.5 zeigt die obige Situation a). Der unscharfe Wert t^* der Teststatistik liegt vollständig im Verwerfungsbereich V der Hypothese.

Abbildung 4.6 zeigt die obige Situation b). Der unscharfe Wert t^* der Teststatistik liegt vollständig im Annahmebereich A der Hypothese.

Für den in Abbildung 4.7 dargestellten unscharfen Wert t^* der Teststatistik kann keine Entscheidung bezüglich der Verwerfung oder Annahme der Hypothese getroffen werden.

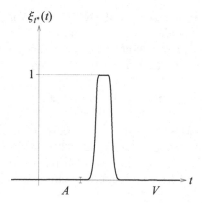

Abbildung 4.5. Unscharfe Teststatistik liegt im Verwerfungsbereich

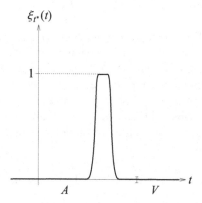

Abbildung 4.6. Unscharfe Teststatistik liegt im Annahmebereich

Ist keine Entscheidung bezüglich der Verwerfung oder Annahme der Hypothese möglich, so sind weitere Beobachtungen notwendig, um zu einer Entscheidung zu gelangen. Die in diesem Fall fehlende Testentscheidung ist scheinbar nur ein Nachteil dieser Vorgangsweise zur Konstruktion von statistischen Tests für unscharfe Daten: Einerseits ist in der klassischen Testtheorie für reelle Beobachtungen ebenfalls nicht immer eine Entscheidung möglich, beispielsweise bei sequentiellen Tests, bei denen in einigen Situationen weitere Beobachtungen für eine Testentscheidung benötigt werden. Andererseits ist die Aussagekraft von konkreten Testsituationen, in denen der Wert t der Teststatistik nahe dem Übergang von Annahme- und Verwerfungsbereich liegt, nicht sehr groß. In diesem Fall wird in der Literatur die Ziehung einer weiteren Stichprobe und eine Wiederholung des Tests empfohlen. Diese Situation einer knappen Annahme oder Ablehnung im klassischen Fall lässt sich mit dem obigen Fall c) vergleichen.

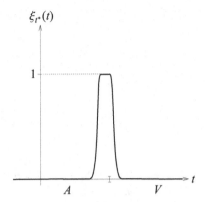

Abbildung 4.7. Nicht zuordbarer unscharfer Wert einer Teststatistik

4.4.2 p-Werte für unscharfe Daten

Ein anderer Zugang zur Entscheidungsfindung ist die Berechnung so genannter p-Werte. Die Verwendung von p-Werten ist in medizinischen Anwendungen sehr verbreitet. Der Vorteil dieser Methode liegt darin, dass auch für unscharfe Werte $t^\star$ der Teststatistik $\mathcal{T}$ mit charakterisierender Funktion $\xi_{t^*}(\cdot)$ die Berechnung von p-Werten möglich ist. In der klassischen Statistik ist für reelle Beobachtungen der p-Wert eines beobachteten Wertes t einer Teststatistik $\mathcal{T}$ zu einer Hypothese $\mathcal{H}$ jene Wahrscheinlichkeit eines Fehlers erster Art, bei der für die beobachteten Daten oder den beobachteten Wert t der Wechsel von Annahme der Hypothese $\mathcal{H}$ zu Ablehnung von $\mathcal{H}$ erfolgt.

Für unscharfe Werte der Teststatistik mit charakterisierender Funktion $\xi_{t^*}(\cdot)$ ist der zugehörige p-Wert jene Wahrscheinlichkeit eines Fehlers erster Art, bei welcher der Träger von $\xi_{t^*}(\cdot)$ als Grenzfall gerade ganz im Verwerfungsbereich der entsprechenden Teststatistik liegt. Ein Beispiel ist in Abbildung 4.8 dargestellt.

Der p-Wert zum unscharfen Wert $t^\star$ der Teststatistik ist jener Wert, der sich für den konstruierten reellen Wert t_0 der Teststatistik ergibt.

4.4.3 Unscharfe p-Werte

Ein weiterer Zugang zur Verallgemeinerung von statistischen Tests für den Fall unscharfer Daten ist die Berechnung so genannter *unscharfer p-Werte* $p^\star$ als unscharfe Zahlen. Hierbei wird, abhängig von den zu testenden Hypothesen, der Verwerfungsbereich V durch einen der folgenden Ausdrücke bestimmt:

a) $\mathcal{T} \leq t_u$ d.h. $V = (-\infty, t_l]$

b) $\mathcal{T} \geq t_o$ d.h. $V = [t_o, \infty)$

c) $\mathcal{T} \notin (t_a, t_b)$ d.h. $V = (-\infty, t_a] \cup [t_b, \infty)$

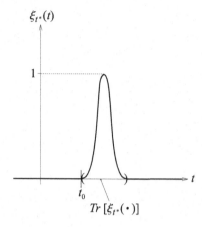

$\xi_{t^\star}(t)$

t_0

$Tr\,[\xi_{t^\star}(\cdot)]$

Abbildung 4.8. p-Wert einer unscharfen Teststatistik $t^\star$

Dabei sind t_u, t_o, t_a und t_b jene Fraktile der Verteilung von $\mathcal{T}$, sodass für die Fehlerwahrscheinlichkeit α erster Art gilt:

a) $P\left(\mathcal{T} \le t_u\right) = \alpha$

b) $P\left(\mathcal{T} \ge t_o\right) = \alpha$

c) $P\left(\mathcal{T} \le t_a\right) = P\left(\mathcal{T} \ge t_b\right) = \frac{\alpha}{2}$

Für unscharfe Zahlen erscheint eine Verallgemeinerung des p-Wertes als unscharfe Zahl natürlich. Ist $t^\star$ der unscharfe Wert der Teststatistik $\mathcal{T}$ und $\xi_{t^\star}(\cdot)$ die zugehörige charakterisierende Funktion, so sind die zugehörigen δ-Schnitte für alle $\delta \in (0,1]$ endliche abgeschlossene Intervalle $[t_1(\delta), t_2(\delta)]$. Diese Intervalle dienen zur Konstruktion der δ-Schnitte des korrespondierenden unscharfen p-Wertes $p^\star$.

Nach a) und b) sind die δ-Schnitte $C_\delta(p^\star)$ für einseitige Tests folgendermaßen definiert:

$$C_\delta(p^\star) = \left[P\big(\mathcal{T} \le t_1(\delta)\big), P\big(\mathcal{T} \le t_2(\delta)\big)\right] \qquad \forall\, \delta \in (0,1]$$

bzw.

$$C_\delta(p^\star) = \left[P\big(\mathcal{T} \ge t_2(\delta)\big), P\big(\mathcal{T} \ge t_1(\delta)\big)\right] \qquad \forall\, \delta \in (0,1]$$

Für zweiseitige Tests muss zuerst entschieden werden, auf welcher Seite des Medians m der Verteilung von $\mathcal{T}$ der Hauptteil der Unschärfe von $t^\star$ liegt. Dazu müssen die Flächen unter der charakterisierenden Funktion $\xi_{t^\star}(\cdot)$ von $t^\star$ rechts und links von m bestimmt werden. Bezeichnet man diese Flächen mit A_l bzw. A_r, so werden die δ-Schnitte des unscharfen p-Wertes $p^\star$ für alle $\delta \in (0,1]$ folgendermaßen bestimmt:

$$C_\delta(p^\star) = \left\{ \begin{array}{ll} \left[2\,P\big(\mathcal{T} \le t_1(\delta)\big), \min\big\{1, 2\,P\big(\mathcal{T} \le t_2(\delta)\big)\big\}\right] & \text{für } A_l > A_r \\ \left[2\,P\big(\mathcal{T} \ge t_2(\delta)\big), \min\big\{1, 2\,P\big(\mathcal{T} \ge t_1(\delta)\big)\big\}\right] & \text{für } A_l \le A_r \end{array} \right\}$$

Die Familie $\left(C_\delta(p^\star) = [p_1(\delta), p_2(\delta)]; \delta \in (0,1]\right)$ definiert eine unscharfe Zahl $p^\star$. Die δ-Schnitte von $p^\star$ können zum Vergleich mit dem Signifikanzniveau α zur Testentscheidung herangezogen werden:

a) Falls $p_2(\delta) < \alpha, \forall \delta \in (0,1]$: $\mathcal{H}_0$ verwerfen

b) Falls $p_1(\delta) > \alpha, \forall \delta \in (0,1]$: $\mathcal{H}_0$ annehmen

c) Falls $\alpha \in [p_1(\delta), p_2(\delta)]$: keine Entscheidung bezüglich $\mathcal{H}_0$, mehr Daten erheben

Beispiel 4.6 Für eine standard-normalverteilte Teststatistik $\mathcal{T}(\cdot, \ldots, \cdot)$ wurde eine unscharfe Testgröße $t^\star$ mit dreieckförmiger symmetrischer charakterisierender Funktion $\xi_{t^\star}(\cdot)$ beobachtet. In Abbildung 4.9 sind die Dichte einer Standard-Normalverteilung und die charakterisierende Funktion $\xi_{t^\star}(\cdot)$ dargestellt.

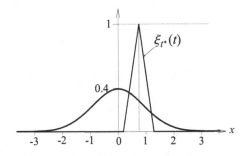

Abbildung 4.9. Testgrößen

Mit Hilfe der Teststatistik und der beobachteten unscharfen Testgröße $t^\star$ soll die Hypothese $\mathcal{H} : \theta \leq \theta_0$ für den Parameter θ einer dem Test zugrundeliegenden stochastischen Größe getestet werden. Dieser Test entspricht dem obigen Fall a). In Abbildung 4.10 ist die charakterisierende Funktion $\xi_{p^\star}(\cdot)$ des durch die obige Theorie berechneten unscharfen p-Wertes $p^\star$ dargestellt.

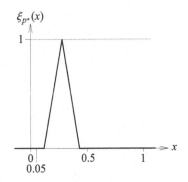

Abbildung 4.10. Charakterisierende Funktion des unscharfen p-Wertes

Für die Fehlerwahrscheinlichkeit $\alpha = 0.05$ liegt der Träger des unscharfen p-Wertes außerhalb des Verwerfungsbereiches. Auf diesem Fehlerniveau wird die Hypothese $\mathcal{H} : \theta \leq \theta_0$ somit nicht abgelehnt.   ◇

4.4.4 Übungen

1. Ermitteln Sie für eine unscharfe Stichprobe $N(\mu, \sigma^2)$ den p-Wert für den unscharfen Wert der Teststatistik für den Erwartungswert μ_0.

2. Überlegen Sie die Details der Ermittlung der charakterisierenden Funktion $\xi_{p^\star}(\cdot)$ in Abbildung 4.10.

Bayes'sche Analyse bei unscharfer Information

5.1 Grundlagen der Bayes'schen Statistik

Im Gegensatz zur klassischen schließenden Statistik geht der Bayes'sche Standpunkt davon aus, dass alle unbekannten Größen, also auch Parameter, durch stochastische Größen beschrieben werden. Die Wahrscheinlichkeitsverteilungen der unbekannten Größen enthalten dabei alle verfügbaren Informationen.

Für ein parametrisches stochastisches Modell $X \sim f(\cdot \mid \theta), \theta \in \Theta$, mit stetigem Parameterraum Θ wird der Parameter θ durch eine stochastische Größe $\tilde{\theta}$ und das Wissen über den Parameter durch eine Wahrscheinlichkeitsverteilung $\pi(\cdot)$, *A-priori-Dichte* genannt, beschrieben („a priori" bedeutet übersetzt „im Vorhinein"). Nach der Beobachtung einer konkreten Stichprobe $D = \{x_1, \ldots, x_n\}$ kann die Information aus der Stichprobe mit der A-priori-Information über den Parameter verknüpft werden, um eine „bessere" bzw. aktualisierte Verteilung des Parameters zu erhalten. Aus der A-priori-Dichte $\pi(\cdot)$ wird die durch die Daten D bedingte *A-posteriori-Dichte* $\pi(\cdot \mid D)$ („a posteriori" bedeutet übersetzt „im Nachhinein"). Die Verknüpfung der beiden Informationen erfolgt mit Hilfe des so genannten *Bayes'schen Theorems*.

Für ein stetiges parametrisches stochastisches Modell $X \sim f(\cdot \mid \theta), \theta \in \Theta$, mit stetigem Parameterraum Θ, A-priori-Dichte $\pi(\cdot)$, einer reellen Stichprobe $x_1, \ldots, x_n$ und der so genannten Likelihood- oder Plausibilitätsfunktion

$$l(\theta; x_1, \ldots, x_n) = \prod_{i=1}^{n} f(x_i \mid \theta) \qquad \forall \theta \in \Theta$$

lautet die Kurzform des Bayes'schen Theorems:

$$\pi(\theta \mid x_1, \ldots, x_n) \propto \pi(\theta) \, l(\theta; x_1, \ldots, x_n) . \tag{5.1}$$

Dabei bedeutet das Zeichen $\propto$ („proportional") die Gleichheit bis auf eine etwaige Normierungskonstante, d.h., das Integral der rechten Seite über den Parameterraum Θ,

$$\int_\Theta \pi(\theta)\, l(\theta; x_1, \dots, x_n)\, d\theta \,,$$

muss nicht 1 ergeben. Die lange Schreibweise des Bayes'schen Theorems ohne Verwendung des „Proportional"-Zeichens ist

$$\pi(\theta \mid x_1, \dots, x_n) = \frac{\pi(\theta)\, l(\theta; x_1, \dots, x_n)}{\displaystyle\int_\Theta \pi(\theta)\, l(\theta; x_1, \dots, x_n)\, d\theta}\,.$$

Eine wichtige Eigenschaft des Bayes'schen Theorems ist die Möglichkeit der sequentiellen Berechnung der A-posteriori-Dichte: Wird die Stichprobe $D = \{x_1, \dots, x_n\}$ in zwei Teilstichproben $D_1 = \{x_1, \dots, x_k\}$ und $D_2 = \{x_{k+1}, \dots, x_n\}$ aufgeteilt und die A-posteriori-Dichte $\pi(\cdot \mid D_1)$ als A-priori-Dichte für die Stichprobe D_2 verwendet, so gilt für die A-posteriori-Dichte (nach kurzer Rechnung ersichtlich)

$$\pi(\theta \mid D_1, D_2) = \pi(\theta \mid D)\,. \tag{5.2}$$

Die sequentiell berechnete A-posteriori-Dichte $\pi(\theta \mid D_1, D_2)$ stimmt mit der in einem Schritt berechneten A-posteriori-Dichte $\pi(\theta \mid D)$ überein.

Mit Hilfe der A-posteriori-Dichte kann eine neue Einschätzung der Verteilung von X bestimmt werden. Die so genannte *Prädiktivdichte*, d.h. die Verteilung von X bedingt durch die Daten D, ist definiert durch

$$f(x \mid D) = \int_\Theta f(x \mid \theta)\, \pi(\theta \mid D)\, d\theta\,.$$

In dieser Prädiktivdichte von X bedingt durch die Daten D sind alle Informationen aus dem stochastischen Modell, der A-priori-Dichte und den Beobachtungen formal verarbeitet.

Eine umfangreiche Einführung in die Methoden der Bayes'schen Statistik bietet beispielsweise [BS95].

5.1.1 Übungen

1. Bei einer Schätzung des Anteils θ schadhafter Stücke in einer Lieferung ist im Falle einer fehlenden Vorinformation die bestmögliche A-priori-Dichte eine Gleichverteilung auf $[0, 1]$, d.h., $\widehat{\theta} \sim U_{0;1}$ ($U_{0;1}$ ist in diesem Fall eine so genannte nichtinformative A-priori-Dichte, siehe auch Abschnitt 5.2). Berechnen Sie die A-posteriori-Dichte zunächst allgemein für eine Stichprobe $x_1, \dots, x_n$ und danach konkret für die Stichprobe $D = \{1, 1, 0, 1, 0, 1, 1, 0, 1\}$ ($1 \mathrel{\widehat{=}}$ „geprüftes Stück ist nicht schadhaft", $0 \mathrel{\widehat{=}}$ „geprüftes Stück ist schadhaft").

2. Beweisen Sie die Gleichung (5.2).

5.2 Unscharfe A-priori-Verteilungen

Die Anwendung des Bayes'schen Theorems setzt die Kenntnis von A-priori-Information in Form einer A-priori-Dichte voraus. Sind keine Vorinformationen zur Festlegung der A-priori-Dichte vorhanden, ist die bestmögliche Wahl eine so genannte *nichtinformative A-priori-Dichte*. Die A-posteriori-Dichte wird in diesem Fall ausschließlich von der Plausibilitätsfunktion und somit von den beobachteten Daten bestimmt.

Aufgrund der vielfältigen Formen von möglichen Plausibilitätsfunktionen existiert weder eine universell verwendbare nichtinformative A-priori-Dichte, noch gibt es eine allgemeine Vorgangsweise für die Bestimmung von A-priori-Verteilungen in praktischen Situationen. Für bestimmte Verteilungen und deren Parameter sind nichtinformative A-priori-Dichten bekannt: In Aufgabe 1 der Übungsbeispiele von Abschnitt 5.1 ist die Gleichverteilung auf $[0,1]$ eine nichtinformative A-priori-Dichte für den Parameter in der Anteilschätzung. In vielen Fällen muss die nichtinformative A-priori-Dichte allerdings konstruiert werden. Ist die Konstruktion nicht möglich, muss eine geeignete Dichte gewählt werden, wobei diese Wahl meist unter subjektiven Gesichtspunkten erfolgt. Dieser subjektive Einfluss wird durch die Verwendung einer unscharfen Dichte (Abschnitt 2.7.1) als unscharfe A-priori-Dichte abgeschwächt. Bei Verwendung einer unscharfen Dichte ist es nicht notwendig eine einzige A-priori-Dichte zu wählen, sondern es kann eine ganze Schar von A-priori-Dichten sein. Jedem Parameterwert aus dem Parameterraum wird dabei nicht ein reeller Wert, sondern eine unscharfe Zahl zugewiesen. Einzig die Normierungsbedingung (2.13) muss erfüllt sein.

Abbildung 5.1 zeigt fünf δ-Niveaukurven ($\delta = 0, 0.25, 0.5, 0.75, 1$) einer unscharfen A-priori-Dichte $\pi^\star(\cdot)$.

5.2.1 Übungen

1. Wie sehen die δ-Niveaukurven einer klassischen A-priori-Dichte aus?

2. Überlegen Sie, wie durch einen unscharfen Wert eines Parameters eine unscharfe Dichtefunktion entsteht.

5.3 Verallgemeinertes Bayes'sches Theorem

Zur Erweiterung Bayes'scher Methoden auf den Fall unscharfer Beobachtungen $x_1^\star, \ldots, x_n^\star$ ist zunächst eine Verallgemeinerung des Bayes'schen Theorems auf den Fall einer unscharfen A-priori-Dichte $\pi^\star(\cdot)$ und unscharfer Beobachtungen notwendig. Die Betrachtung einer unscharfen A-priori-Dichte ist aufgrund der nachfolgenden Ergebnisse gerechtfertigt oder notwendig. Im Folgenden bezeichnen $C_\delta(\pi^\star(\theta)) = [\underline{\pi}_\delta(\theta), \overline{\pi}_\delta(\theta)]$ wieder die δ-Schnitte der unscharfen Zahl $\pi^\star(\theta), \theta \in \Theta$.

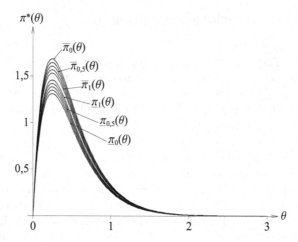

Abbildung 5.1. δ-Niveaukurven einer unscharfen A-priori-Dichte

Folgene zwei Forderungen werden an eine Verallgemeinerung des Bayes'schen Theorems auf den Fall unscharfer Daten und unscharfer A-priori-Dichte gestellt:

E1. Übereinstimmung mit dem klassischen Bayes'schen Theorem für den Spezialfall reeller Daten und reellwertiger A-priori-Dichte.

E2. Beibehaltung der Möglichkeit einer sequentiellen Berechnung der A-posteriori-Dichte

Punkt E1 ist erfüllt, falls die Verallgemeinerung über das Erweiterungsprinzip erfolgt (siehe auch Bemerkung 2.27). Es lässt sich allerdings mit einfachen Gegenbeispiele zeigen, dass die Forderung E2 im Falle einer Verallgemeinerung mittels Erweiterungsprinzip nicht erfüllt ist. Auch ist diese Methode aufgrund der umfangreichen Berechnungen für praktische Anwendungen nicht sinnvoll.

Ein neuer Ansatz ist, eine Verallgemeinerung des Bayes'schen Theorems ähnlich der Kurzform (5.1) mittels einer Verallgemeinerung bis auf Normierung zu entwickeln. Der erste Schritt dieser Verallgemeinerung ist die Fortsetzung der Plausibilitätsfunktion auf den Fall unscharfer Beobachtungen mit Hilfe des Erweiterungsprinzips. Ist $\boldsymbol{x}^\star$ der aus den Beobachtungen $x_1^\star, \ldots, x_n^\star$ kombinierte unscharfe Vektor mit zugehöriger vektorcharakterisierender Funktion $\xi_{\boldsymbol{x}^\star}(\cdot, \ldots, \cdot)$, so berechnet sich die Zugehörigkeitsfunktion $\xi_{l^\star(\theta\,;\,\boldsymbol{x}^\star)}(\cdot)$ der verallgemeinerten Plausibilitätsfunktion $l^\star(\cdot\,;\,\boldsymbol{x}^\star)$ an der Stelle $\theta \in \Theta$ durch

$$\xi_{l^\star(\theta\,;\,\boldsymbol{x}^\star)}(y) = \sup\left\{\xi_{\boldsymbol{x}^\star}(x_1, \ldots, x_n)\;\middle|\;\begin{array}{l}(x_1, \ldots, x_n) \in \mathbb{R}^n \text{ und} \\ l(\theta\,;\,x_1, \ldots, x_n) = y\end{array}\right\} \qquad \forall\, y \in \mathbb{R}.$$

Im Gegensatz zur Verallgemeinerung des Bayes'schen Theorems mittels des Erweiterungsprinzips stellt die praktische Berechnung der verallgemeinerten Plausibilitätsfunktion für viele der gebräuchlichen Verteilungen keinen großen Rechenaufwand dar.

Für die nachfolgenden Betrachtungen wird vorausgesetzt, dass $\xi_{l^\star(\theta\,;\,\boldsymbol{x}^\star)}(\cdot)$ für alle $\theta \in \Theta$ eine charakterisierende Funktion im Sinne von Definition 2.2 ist. Diese Voraussetzung ist für die meisten der gebräuchlichen Verteilungen erfüllt (insbesondere für stetige Verteilungen nach Satz 2.29). Die δ-Schnitte der unscharfen Zahl $l^\star(\theta\,;\,\boldsymbol{x}^\star)$, $\theta \in \Theta$, werden im Folgenden mit $C_\delta\left(l^\star(\theta\,;\,\boldsymbol{x}^\star)\right) = \left[\underline{l}_\delta\left(\theta\,;\,\boldsymbol{x}^\star\right), \overline{l}_\delta\left(\theta\,;\,\boldsymbol{x}^\star\right)\right]$ bezeichnet, die zugehörigen δ-Niveau-kurven mit $\underline{l}_\delta\left(\cdot\,;\,\boldsymbol{x}^\star\right)$ bzw. $\overline{l}_\delta\left(\cdot\,;\,\boldsymbol{x}^\star\right)$.

Eine weitere für die nachfolgenden Betrachtungen wichtige Eigenschaft ist die einfache Berechenbarkeit der δ-Schnitte $C_\delta(y^\star)$ des Quotienten $y^\star = x_1^\star \oslash x_2^\star$ zweier unscharfen Zahlen $x_1^\star$ und $x_2^\star$ für den Fall, dass die Träger $Tr(x_1^\star)$ und $Tr(x_2^\star)$ vollständig im positiven Bereich von $\mathbb{R}$ liegen. In diesem Fall folgt aus Satz 2.29, dass der δ-Schnitt $C_\delta(y^\star)$ aus den δ-Schnitten $C_\delta(x_1^\star) = \left[\underline{x}_{1,\delta}, \overline{x}_{1,\delta}\right]$ und $C_\delta(x_2^\star) = \left[\underline{x}_{2,\delta}, \overline{x}_{2,\delta}\right]$ durch

$$C_\delta(y^\star) = \left[\frac{\underline{x}_{1,\delta}}{\overline{x}_{2,\delta}}, \frac{\overline{x}_{1,\delta}}{\underline{x}_{2,\delta}}\right] \tag{5.3}$$

berechnet werden kann.

Mit der Multiplikation $\odot$ und der Division $\oslash$ unscharfer Zahlen ist

$$\pi^\star(\theta \mid \boldsymbol{x}^\star) = \frac{\pi^\star(\theta) \odot l^\star(\theta\,;\,\boldsymbol{x}^\star)}{\displaystyle\int_\Theta \pi^\star(\theta) \odot l^\star(\theta\,;\,\boldsymbol{x}^\star)\, d\theta}$$

eine natürliche Erweiterung des Bayes'schen Theorems, wobei der Träger der unscharfen Zahl im Nenner nicht die 0 enthält, der Quotient somit existiert. Die δ-Schnitte $C_\delta\left(\pi^\star(\theta \mid \boldsymbol{x}^\star)\right) = \left[\underline{\pi}_\delta(\theta \mid \boldsymbol{x}^\star), \overline{\pi}_\delta(\theta \mid \boldsymbol{x}^\star)\right]$, $\delta \in (0,1]$, von $\pi^\star(\theta \mid \boldsymbol{x}^\star)$ können nach (5.3) durch

$$\underline{\pi}_\delta(\theta \mid \boldsymbol{x}^\star) = \frac{\underline{\pi}_\delta(\theta)\, \underline{l}_\delta\left(\theta\,;\,\boldsymbol{x}^\star\right)}{\displaystyle\int_\Theta \overline{\pi}_\delta(\theta)\, \overline{l}_\delta\left(\theta\,;\,\boldsymbol{x}^\star\right)\, d\theta} \tag{5.4}$$

und

$$\overline{\pi}_\delta(\theta \mid \boldsymbol{x}^\star) = \frac{\overline{\pi}_\delta(\theta)\, \overline{l}_\delta\left(\theta\,;\,\boldsymbol{x}^\star\right)}{\displaystyle\int_\Theta \underline{\pi}_\delta(\theta)\, \underline{l}_\delta\left(\theta\,;\,\boldsymbol{x}^\star\right)\, d\theta} \tag{5.5}$$

berechnet werden.

Aus den für alle $\delta \in (0, 1]$ und $\theta \in \Theta$ geltenden Beziehungen $0 \le \underline{\pi}_\delta(\theta) \le \overline{\pi}_\delta(\theta)$ und $0 \le \underline{l}_\delta(\theta\,;\boldsymbol{x}^\star) \le \overline{l}_\delta(\theta\,;\boldsymbol{x}^\star)$ folgt $\underline{\pi}_\delta(\theta)\underline{l}_\delta(\theta\,;\boldsymbol{x}^\star) \le \overline{\pi}_\delta(\theta)\overline{l}_\delta(\theta\,;\boldsymbol{x}^\star)$ und weiters

$$0 \le \int_\Theta \underline{\pi}_\delta(\theta)\,\underline{l}_\delta(\theta\,;\boldsymbol{x}^\star)\,d\theta \le \int_\Theta \overline{\pi}_\delta(\theta)\,\overline{l}_\delta(\theta\,;\boldsymbol{x}^\star)\,d\theta\,.$$

Gesamt folgt somit

$$0 \le \int_\Theta \underline{\pi}_\delta(\theta\,|\,\boldsymbol{x}^\star)\,d\theta \le 1\,.$$

Ähnliche Überlegungen führen zum Ergebnis

$$\int_\Theta \overline{\pi}_\delta(\theta\,|\,\boldsymbol{x}^\star)\,d\theta \ge 1\,.$$

Somit ist $\pi^\star(\theta\,|\,\boldsymbol{x}^\star)$ eine unscharfe Dichte im Sinne von Definition 2.37.

Für diese Verallgemeinerung des Bayes'schen Theorems ist allerdings keine sequentielle Berechnung der A-posteriori-Dichte möglich. Wird die aus den unscharfen Beobachtungen $x_1^\star, \ldots, x_n^\star$ kombinierte unscharfe Stichprobe $\boldsymbol{x}^\star$ in die beiden Teilstichproben $\boldsymbol{x}_1^\star$ und $\boldsymbol{x}_2^\star$ aufgeteilt, wobei $\boldsymbol{x}_1^\star$ die Beobachtungen $x_1^\star, \ldots, x_k^\star$ und $\boldsymbol{x}_2^\star$ die Beobachtungen $x_{k+1}^\star, \ldots, x_n^\star$ enthält, und die unscharfe A-posteriori-Dichte $\pi^\star(\cdot\,|\,\boldsymbol{x}_1^\star)$ als A-priori-Dichte für $\boldsymbol{x}_2^\star$ verwendet, so gilt für die untere Grenze des δ-Schnittes von $\pi^\star(\theta\,|\,\boldsymbol{x}_1^\star, \boldsymbol{x}_2^\star)$:

$$\underline{\pi}_\delta(\theta\,|\,\boldsymbol{x}_1^\star, \boldsymbol{x}_2^\star) = \frac{\underline{\pi}_\delta(\theta\,|\,\boldsymbol{x}_1^\star)\,\underline{l}_\delta(\theta\,;\boldsymbol{x}_2^\star)}{\displaystyle\int_\Theta \overline{\pi}_\delta(\theta\,|\,\boldsymbol{x}_1^\star)\,\overline{l}_\delta(\theta\,;\boldsymbol{x}_2^\star)\,d\theta}$$

$$= \frac{\dfrac{\underline{\pi}_\delta(\theta)\,\underline{l}_\delta(\theta\,;\boldsymbol{x}_1^\star)}{\displaystyle\int_\Theta \overline{\pi}_\delta(\theta)\,\overline{l}_\delta(\theta\,;\boldsymbol{x}_1^\star)\,d\theta}\,\underline{l}_\delta(\theta\,;\boldsymbol{x}_2^\star)}{\displaystyle\int_\Theta \dfrac{\overline{\pi}_\delta(\theta)\,\overline{l}_\delta(\theta\,;\boldsymbol{x}_1^\star)}{\displaystyle\int_\Theta \underline{\pi}_\delta(\theta)\,\underline{l}_\delta(\theta\,;\boldsymbol{x}_1^\star)\,d\theta}\,\overline{l}_\delta(\theta\,;\boldsymbol{x}_2^\star)\,d\theta}$$

$$= \underbrace{\frac{\displaystyle\int_\Theta \underline{\pi}_\delta(\theta)\,\underline{l}_\delta(\theta\,;\boldsymbol{x}_1^\star)\,d\theta}{\displaystyle\int_\Theta \overline{\pi}_\delta(\theta)\,\overline{l}_\delta(\theta\,;\boldsymbol{x}_1^\star)\,d\theta}}_{\lambda}\,\frac{\underline{\pi}_\delta(\theta)\,\underline{l}_\delta(\theta\,;\boldsymbol{x}_1^\star)\,\underline{l}_\delta(\theta\,;\boldsymbol{x}_2^\star)}{\displaystyle\int_\Theta \overline{\pi}_\delta(\theta)\,\overline{l}_\delta(\theta\,;\boldsymbol{x}_1^\star)\,\overline{l}_\delta(\theta\,;\boldsymbol{x}_2^\star)\,d\theta}$$

Aufgrund der verwendeten Minimum-Kombinationsregel und Satz 2.21 gelten die beiden Gleichungen

$$\underline{l}_\delta(\theta\,;\boldsymbol{x}^\star) = \underline{l}_\delta(\theta\,;\boldsymbol{x}_1^\star)\,\underline{l}_\delta(\theta\,;\boldsymbol{x}_2^\star) \quad \text{und} \quad \overline{l}_\delta(\theta\,;\boldsymbol{x}^\star) = \overline{l}_\delta(\theta\,;\boldsymbol{x}_1^\star)\,\overline{l}_\delta(\theta\,;\boldsymbol{x}_2^\star)\,.$$

Somit ist

$$\underline{\pi}_\delta(\theta \mid \boldsymbol{x}_1^\star, \boldsymbol{x}_2^\star) = \lambda\,\underline{\pi}_\delta(\theta \mid \boldsymbol{x}^\star)\,.$$

Die untere Grenze $\underline{\pi}_\delta(\theta \mid \boldsymbol{x}_1^\star, \boldsymbol{x}_2^\star)$ der sequentiell berechneten A-posteriori-Dichte ist wegen der unterschiedlichen Nenner von $\underline{\pi}_\delta(\theta \mid \boldsymbol{x}_1^\star)$ und $\overline{\pi}_\delta(\theta \mid \boldsymbol{x}_1^\star)$ und des daraus folgenden Faktors $\lambda \leq 1$ im Allgemeinen kleiner als die in einem Schritt berechnete Größe $\underline{\pi}_\delta(\theta \mid \boldsymbol{x}^\star)$. Mit einer ähnlichen Überlegung lässt sich zeigen, dass die obere Grenze der sequentiell berechneten A-posteriori-Dichte $\overline{\pi}_\delta(\theta \mid \boldsymbol{x}_1^\star, \boldsymbol{x}_2^\star)$ im Allgemeinen größer als die in einem Schritt berechnete Größe $\overline{\pi}_\delta(\theta \mid \boldsymbol{x}^\star)$ ist.

5.3.1 Adaptierte Verallgemeinerung des Bayes'schen Theorems

Die beiden Formeln (5.4) und (5.5) zur Berechnung der δ-Niveaukurven der A-posteriori-Dichte und somit auch die Definition der Verallgemeinerung des Bayes'schen Theorems müssen ein wenig abgeändert werden, um die sequentielle Berechnung zu ermöglichen. Aus dem obigen Ergebnis folgt, dass die einfachste Form der Änderung die Verwendung desselben Nenners für beide Grenzen in (5.4) und (5.5) ist. Dieser gemeinsame Nenner muss unter dem Gesichtspunkt gewählt werden, dass im Spezialfall einer reellwertigen A-priori-Dichte und reeller Beobachtungen das klassische Bayes'sche Theorem erhalten bleibt. Die einfachste und am natürlichsten erscheinende Wahl dieses gemeinsamen Nenners ist der Mittelwert der beiden vorhandenen Nenner, d.h.,

$$N(\boldsymbol{x}^\star) = \frac{1}{2}\left[\int_\Theta \underline{\pi}_\delta(\theta)\,\underline{l}_\delta\,(\theta\,;\boldsymbol{x}^\star)\,d\theta + \int_\Theta \overline{\pi}_\delta(\theta)\,\overline{l}_\delta\,(\theta\,;\boldsymbol{x}^\star)\,d\theta\right]$$

$$= \int_\Theta \frac{1}{2}\left[\underline{\pi}_\delta(\theta)\,\underline{l}_\delta\,(\theta\,;\boldsymbol{x}^\star) + \overline{\pi}_\delta(\theta)\,\overline{l}_\delta\,(\theta\,;\boldsymbol{x}^\star)\right]\,d\theta\,.$$

Mit diesem gemeinsamen Nenner berechnen sich nach der neuen Definition die δ-Niveaukurven der unscharfen A-posteriori-Dichte $\pi^\star(\,\cdot\mid\boldsymbol{x}^\star)$ durch

$$\underline{\pi}_\delta(\theta \mid \boldsymbol{x}^\star) = \frac{\underline{\pi}_\delta(\theta)\,\underline{l}_\delta\,(\theta\,;\boldsymbol{x}^\star)}{\displaystyle\int_\Theta \frac{1}{2}\left[\underline{\pi}_\delta(\theta)\,\underline{l}_\delta\,(\theta\,;\boldsymbol{x}^\star) + \overline{\pi}_\delta(\theta)\,\overline{l}_\delta\,(\theta\,;\boldsymbol{x}^\star)\right]d\theta}$$

und

$$\overline{\pi}_\delta(\theta \mid \boldsymbol{x}^\star) = \frac{\overline{\pi}_\delta(\theta)\,\overline{l}_\delta\,(\theta\,;\boldsymbol{x}^\star)}{\displaystyle\int_\Theta \frac{1}{2}\left[\underline{\pi}_\delta(\theta)\,\underline{l}_\delta\,(\theta\,;\boldsymbol{x}^\star) + \overline{\pi}_\delta(\theta)\,\overline{l}_\delta\,(\theta\,;\boldsymbol{x}^\star)\right]d\theta}\,.$$

Für diese Definition der δ-Niveaukurven der unscharfen A-posteriori-Dichte stimmt die sequentiell berechnete unscharfe Dichte $\pi^\star(\,\cdot\mid\boldsymbol{x}_1^\star, \boldsymbol{x}_2^\star)$ mit $\pi^\star(\,\cdot\mid\boldsymbol{x}^\star)$ überein. Beispielsweise ist die untere Grenze des δ-Schnittes

$$C_\delta\left(\pi^\star(\theta \mid \boldsymbol{x}_1^\star, \boldsymbol{x}_2^\star)\right) = \left[\underline{\pi}_\delta(\theta \mid \boldsymbol{x}_1^\star, \boldsymbol{x}_2^\star), \overline{\pi}_\delta(\theta \mid \boldsymbol{x}_1^\star, \boldsymbol{x}_2^\star)\right]$$

des Wertes $\pi^\star(\theta \mid x_1^\star, x_2^\star)$ der unscharfen A-posteriori-Dichte $\pi^\star(\cdot \mid x_1^\star, x_2^\star)$ bei unscharfer A-priori-Dichte $\pi^\star(\cdot \mid x_1^\star)$ und unscharfen Beobachtungen $x_2^\star$:

$$\underline{\pi}_\delta(\theta \mid x_1^\star, x_2^\star) = \frac{\underline{\pi}_\delta(\theta \mid x_1^\star)\, \underline{l}_\delta(\theta\,;x_2^\star)}{\displaystyle\int_\Theta \frac{1}{2}\Big[\underline{\pi}_\delta(\theta \mid x_1^\star)\, \underline{l}_\delta(\theta\,;x_2^\star) + \overline{\pi}_\delta(\theta \mid x_1^\star)\, \overline{l}_\delta(\theta\,;x_2^\star)\Big]\, d\theta}$$

$$= \frac{N(x_1^\star)^{-1}\, \underline{\pi}_\delta(\theta)\, \underline{l}_\delta(\theta\,;x_1^\star)\, \underline{l}_\delta(\theta\,;x_2^\star)}{\displaystyle\int_\Theta \frac{1}{2}\, N(x_1^\star)^{-1}\Big[\underline{\pi}_\delta(\theta)\, \underline{l}_\delta(\theta\,;x_1^\star)\, \underline{l}_\delta(\theta\,;x_2^\star) + \overline{\pi}_\delta(\theta)\, \overline{l}_\delta(\theta\,;x_1^\star)\, \overline{l}_\delta(\theta\,;x_2^\star)\Big]\, d\theta}$$

$$= \frac{\underline{\pi}_\delta(\theta)\, \underline{l}_\delta(\theta\,;x_1^\star)\, \underline{l}_\delta(\theta\,;x_2^\star)}{\displaystyle\int_\Theta \frac{1}{2}\Big[\underline{\pi}_\delta(\theta)\, \underline{l}_\delta(\theta\,;x_1^\star)\, \underline{l}_\delta(\theta\,;x_2^\star) + \overline{\pi}_\delta(\theta)\, \overline{l}_\delta(\theta\,;x_1^\star)\, \overline{l}_\delta(\theta\,;x_2^\star)\Big]\, d\theta}$$

$$= \frac{\underline{\pi}_\delta(\theta)\, \underline{l}_\delta(\theta\,;x^\star)}{\displaystyle\int_\Theta \frac{1}{2}\Big[\underline{\pi}_\delta(\theta)\, \underline{l}_\delta(\theta\,;x^\star) + \overline{\pi}_\delta(\theta)\, \overline{l}_\delta(\theta\,;x^\star)\Big]\, d\theta} = \underline{\pi}_\delta(\theta \mid x^\star)$$

Der Nachweis $\overline{\pi}_\delta(\theta \mid x_1^\star, x_2^\star) = \overline{\pi}_\delta(\theta \mid x^\star)$ für die obere Grenze verläuft analog.

Für eine reelle A-priori-Dichte $\pi(\cdot)$ und reelle Beobachtungen $x = (x_1, \ldots, x_n)$ stimmt diese Verallgemeinerung mit dem klassischen Bayes'schen Theorem überein, wenn die Funktionswerte mit ihren Indikatorfunktionen identifiziert werden.

Beispiel 5.1 Für die exponentialverteilte stochastische Größe $X \sim Ex_\theta$ mit Parameter θ wurde die in Abbildung 5.2 dargestellte unscharfe Stichprobe $x_1^\star, \ldots, x_8^\star$ beobachtet, vergleiche Beispiel 4.2.

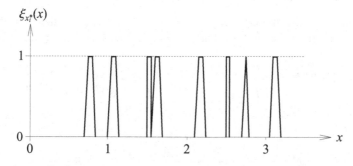

Abbildung 5.2. Unscharfe Stichprobe einer Exponentialverteilung

Über den Parameter θ ist eine, durch die unscharfe Dichte in Abbildung 5.1 präsentierte A-priori-Information verfügbar. Abbildung 5.3 zeigt die mit Hilfe des verallgemeinerten Bayes'schen Theorems berechnete unscharfe A-posteriori-Dichte $\pi^\star(\cdot \mid x^\star)$ für den aus der unscharfen Stichprobe kombinierten unscharfen Vektor $x^\star$.

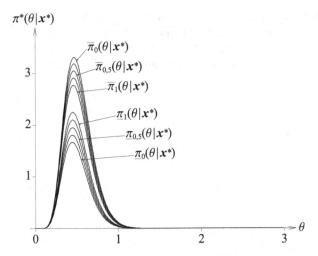

Abbildung 5.3. δ-Niveaukurven der berechneten unscharfen A-posteriori-Dichte

5.3.2 Übungen

1. Zeigen Sie die Gültigkeit der sequentiellen Berechnung im verallgemeinerten Bayes'schen Theorem für die oberen δ-Niveaukurven der A-posteriori-Dichte.

2. Zeigen Sie, dass im Spezialfall exakter Daten $x_1, \ldots, x_n$ und klassischer A-priori-Dichte $\pi(\cdot)$ das verallgemeinerte Bayes'sche Theorem mit dem klassischen Bayes'schen Theorem übereinstimmt.

5.4 Unscharfe Prädiktivdichten

Ist bezüglich des Parameters θ eines stochastischen Modells $X \sim f(\cdot \mid \theta), \theta \in \Theta$, nur eine unscharfe A-priori-Information in Form einer unscharfen A-priori-Dichte $\pi^\star(\cdot)$ bekannt, oder liegen unscharfe Beobachtungen $x_1^\star, \ldots, x_n^\star$ der stochastischen Größe X vor, so ist die Verteilung von X bedingt durch die unscharfen Beobachtungen, durch die so genannte *unscharfe Prädiktivdichte* bestimmt. Diese unscharfe Prädiktivdichte wird aus der unscharfen A-posteriori-Dichte $\pi^\star(\theta \mid x^\star)$ mittels verallgemeinerter Integration durch

$$f^\star(x \mid x^\star) = \fint_\Theta f(x \mid \theta) \odot \pi^\star(\theta \mid x^\star) \, d\theta \qquad \forall \, x \in M_X$$

definiert, wobei $x^\star$ der aus der unscharfen Stichprobe kombinierte unscharfe Vektor ist. Diese unscharfe Prädiktivdichte von X bedingt durch die unscharfe Stichprobe $x^\star$ enthält alle Information aus dem stochastischen Modell, der unscharfen A-priori-Dichte $\pi^\star(\cdot)$ und den unscharfen Beobachtungen.

Beispiel 5.2 Abbildung 5.4 zeigt fünf δ-Niveaukurven ($\delta = 0, 0.25, 0.5,$ $0.75, 1$) der unscharfen Prädiktivdichte für die in Beispiel 5.1 betrachtete exponentialverteilte stochastische Größe X auf Grund der in Abbildung 5.3 dargestellten unscharfen A-posteriori-Dichte $\pi^\star(\cdot \mid \boldsymbol{x}^\star)$.

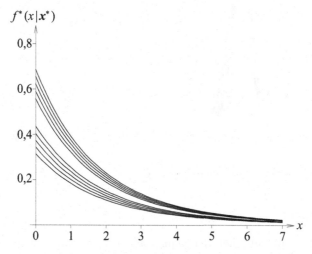

Abbildung 5.4. δ-Niveaukurven einer unscharfen Prädiktivdichte

Die unscharfe Prädiktivdichte kann zur Berechnung von unscharfen Wahrscheinlichkeiten von Ereignissen herangezogen werden. Die unscharfe Wahrscheinlichkeit einer Teilmenge A von M_X berechnet sich durch

$$P^\star(A) = \fint_A f^\star(x \mid \boldsymbol{x}^\star)\, dx\,.$$

Die Integration erfolgt mittels der in Abschnitt 2.6.1 beschriebenen verallgemeinerten Integration.

5.4.1 Übungen

1. Zeigen Sie, dass die unscharfe Prädiktivdichte eine unscharfe Dichtefunktion im Sinne der Definition 2.37 ist.

2. Zeigen Sie, dass die in diesem Abschnitt definierten Wahrscheinlichkeiten alle Eigenschaften von unscharfen Wahrscheinlichkeitsverteilungen erfüllen.

5.5 Bayes'sche Entscheidungen auf Grundlage unscharfer Information

5.5.1 Bayes'sche Entscheidungen

Entscheidungen sind häufig mit Nutzen oder Verlust verbunden. Nutzen oder Verlust von Entscheidungen hängen vom Zustand θ des betrachteten Systems ab. Für das zur Entscheidungsfindung verwendete stochastisches Modell wird der Zustand θ als stochastische Größe $\widetilde{\theta}$ betrachtet. Die Menge der möglichen Entscheidungen wird mit $\mathcal{D}$ (engl. decisions) bezeichnet. Konkrete Entscheidungen sind Elemente $d \in \mathcal{D}$. Das Wissen über den Zustand des Systems wird durch eine Wahrscheinlichkeitsverteilung $P(\cdot)$ auf der Menge Θ aller möglichen Zustände ausgedrückt.

Optimale Entscheidungen d_{opt} sind solche, welche den zu erwarteten Nutzen maximieren oder bei Verlustbetrachtungen den zu erwarteten Verlust minimieren. Da Nutzen- und Verlustwerte sowohl vom Zustand θ eines Systems als auch von der getroffenen Entscheidung d abhängen, d.h. $U(\theta, d)$ und $L(\theta, d)$, gilt für variables θ und d bei Nutzenfunktionen (engl. utility) und Verlustfunktionen (engl. loss):

$$L : \Theta \times \mathcal{D} \longrightarrow \mathbb{R}$$
$$U : \Theta \times \mathcal{D} \longrightarrow \mathbb{R}$$

Unter entsprechenden mathematischen Voraussetzungen kann der erwartete Nutzen oder der erwartete Verlust als Erwartungswert von stochastischen Größen ausgedrückt werden:

$$\mathbb{E}_{P(\cdot)} L\left(\widetilde{\theta}, d\right) \quad \text{bzw.} \quad \mathbb{E}_{P(\cdot)} U\left(\widetilde{\theta}, d\right)$$

Damit sind optimale Entscheidungen solche, für die – im Falle von Nutzenfunktionen – gilt:

$$\mathbb{E}_{P(\cdot)} U\left(\widetilde{\theta}, d_{\text{opt}}\right) = \max\left\{\mathbb{E}_{P(\cdot)} U\left(\widetilde{\theta}, d\right) \,\Big|\, d \in \mathcal{D}\right\}$$

Im Falle von Verlustfunktionen gilt unter der Voraussetzung der Existenz einer optimalen Entscheidung d_{opt}:

$$\mathbb{E}_{P(\cdot)} L\left(\widetilde{\theta}, d_{\text{opt}}\right) = \min\left\{\mathbb{E}_{P(\cdot)} L\left(\widetilde{\theta}, d\right) \,\Big|\, d \in \mathcal{D}\right\}.$$

5.5.2 Unscharfe Nutzenfunktionen

Konkrete Nutzenwerte können oft nicht als exakte Zahlen angegeben werden. Deshalb ist eine Beschreibung mittels unscharfer Zahlen und somit unscharfer

Nutzenfunktionen mit unscharfen Funktionswerten $N^\star(\theta, d) \in \mathcal{F}(\mathbb{R})$ realistischer.

Weiters sind für die betrachteten Wahrscheinlichkeitsverteilungen nicht Standard-Wahrscheinlichkeitsverteilungen, sondern häufig unscharfe Wahrscheinlichkeitsverteilungen $P^\star(\cdot)$ als Modelle besser geeignet. Für die Ermittlung optimaler Entscheidungen ergibt sich die Notwendigkeit, Erwartungswerte der Form

$$\mathbb{E}_{P^\star(.)} U^\star \left(\widetilde{\theta}, d \right)$$

zu berechnen. Dies lässt sich mathematisch im Fall kontinuierlicher Zustände als Integration einer unscharfen Funktion nach einer unscharfen Wahrscheinlichkeitsverteilung darstellen:

$$\mathbb{E}_{P^\star(.)} U^\star \left(\widetilde{\theta}, d \right) = \oint_\Theta U^\star(\theta, d) \, dP^\star(\theta) \tag{5.6}$$

Diese verallgemeinerte Integration ist analog zu jener aus Abschnitt 2.6.1. Der unscharfe Wert des entsprechenden Integrals wird mit Hilfe von δ-Niveaukurven des unscharfen Integranden ermittelt. Im Falle von unscharfen Wahrscheinlichkeitsverteilungen $P^\star(\cdot)$, die durch unscharfe Dichtefunktionen $f^\star(\cdot)$ auf Θ definiert sind, erhält das Integral (5.6) die Gestalt

$$\mathbb{E}_{f^\star(.)} U^\star \left(\widetilde{\theta}, d \right) = \oint_\Theta U^\star(\theta, d) \, f^\star(\theta) \, d\theta \, . \tag{5.7}$$

Diese Integration erfolgt mit der in Abschnitt 2.6.1 beschriebenen verallgemeinerten Integration über die δ-Niveaukurven $\underline{U}_\delta(\cdot, d)$, $\overline{U}_\delta(\cdot, d)$, $\underline{f}_\delta(\cdot)$ und $\overline{f}_\delta(\cdot)$. Die Integration des unscharfen Integranden $U^\star(\theta, d) \, f^\star(\theta)$ wird somit auf die Integration der Funktionen

$$\underline{U}_\delta(\cdot, d) \cdot \underline{f}_\delta(\cdot) \quad \text{bzw.} \quad \overline{U}_\delta(\cdot, d) \cdot \overline{f}_\delta(\cdot) \qquad \forall \delta \in (0, 1]$$

zurückgeführt. Das Ergebnis dieser Integrale der δ-Niveaukurven sind die δ-Schnitte

$$\left[\underline{\mathbb{E}}_\delta U^\star \left(\widetilde{\theta}, d \right), \ \overline{\mathbb{E}}_\delta U^\star \left(\widetilde{\theta}, d \right) \right] \qquad \forall \delta \in (0, 1] \, .$$

Nach dem Darstellungssatz (Satz 2.5) wird die charakterisierende Funktion $\chi(\cdot)$ des unscharfen Erwartungswertes $\mathbb{E}_{f^\star(.)} U^\star \left(\widetilde{\theta}, d \right)$ durch

$$\chi(x) = \max \left\{ \delta \cdot I_{\left[\underline{\mathbb{E}}_\delta U^\star(\widetilde{\theta}, d), \, \overline{\mathbb{E}}_\delta U^\star(\widetilde{\theta}, d) \right]}(x) \, \middle| \, \delta \in (0, 1] \right\} \qquad \forall \, x \in \mathbb{R}$$

berechnet.

5.5.3 Verallgemeinerung Bayes'scher Entscheidungen

Die verallgemeinerten Erwartungswerte aus Abschnitt 5.5.2 sind im Allgemeinen unscharfe Zahlen. Deshalb ist ein Vergleich der einzelnen Nutzenwerte nicht so einfach möglich wie im klassischen Fall. Zur Wahl der optimalen Entscheidung ist die Definition eines Größenvergleichs für unscharfe Zahlen notwendig, wobei in der Literatur verschiedene Vorschläge für die Definition zu finden sind.

Eine sehr intuitive Definition eines Größenvergleichs ist folgende: Die unscharfe Zahl $x^\star$ mit δ-Schnitten $C_\delta(x^\star) = [\underline{x}_\delta, \overline{x}_\delta]$ ist kleiner oder gleich der unscharfen Zahl $y^\star$ mit δ-Schnitten $C_\delta(y^\star) = \left[\underline{y}_\delta, \overline{y}_\delta\right]$ – mathematisch durch $x^\star \preceq y^\star$ gekennzeichnet –, wenn für alle $\delta \in (0, 1]$

$$\underline{x}_\delta \leq \underline{y}_\delta \quad \text{und} \quad \overline{x}_\delta \leq \overline{y}_\delta$$

gilt, d.h., der δ-Schnitt von $x^\star$ „liegt vollständig links" des δ-Schnittes von $y^\star$. Diese Definition ist allerdings praktisch insofern nicht brauchbar, als einer Vielzahl von unscharfen Zahlen keine Reihung zugeordnet werden kann. Abbildung 5.5 zeigt zwei unscharfe Zahlen, die nach obiger Definition keinen Größenvergleich erlauben.

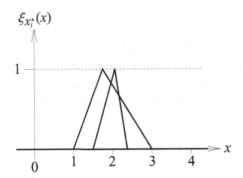

Abbildung 5.5. Größenvergleich unscharfer Zahlen

Eine andere Definition, bei der ein Größenvergleich zweier unscharfer Zahlen immer möglich ist, basiert auf dem Vergleich des so genannten *Steiner'schen Punktes* einer unscharfen Zahl.

Definition 5.3 *Der* Steiner'sche Punkt $\sigma_{x^\star} \in \mathbb{R}$ *der unscharfen Zahl* $x^\star$ *mit* δ-*Schnitten* $C_\delta(x^\star) = [\underline{x}_\delta, \overline{x}_\delta]$ *ist definiert durch*

$$\sigma_{x^\star} = \int_0^1 \frac{\overline{x}_\delta + \underline{x}_\delta}{2} \, d\delta.$$

Bemerkung 5.4 *Die Abbildung $\sigma : x^\star \mapsto \sigma_{x^\star}$ ist linear, d.h.,*

$$\sigma_{\lambda \odot x^\star \oplus \nu \odot y^\star} = \lambda\, \sigma_{x^\star} + \nu\, \sigma_{y^\star} \qquad \textit{für } \lambda, \nu \in \mathbb{R} \textit{ und } x^\star, y^\star \in \mathcal{F}(\mathbb{R}).$$

Weiters ist der Steiner'sche Punkt einer Zahl $x \in \mathbb{R}$ die Zahl selbst, d.h., $\sigma_x = x$. Aus dieser Überlegung folgt für die unscharfe Zahl $x_0^\star := x^\star \ominus \sigma_{x^\star}$:

$$\sigma_{x_0^\star} = \sigma_{x^\star \ominus \sigma_{x^\star}} = \sigma_{x^\star} - \sigma_{\sigma_{x^\star}} = 0,$$

d.h., sie ist „zentriert". Somit kann der Steiner'sche Punkt als eine Art Mittelpunkt der unscharfen Zahl $x^\star$ interpretiert werden.

Die unscharfe Zahl $x^\star$ ist definitionsgemäß kleiner oder gleich der unscharfen Zahl $y^\star$, d.h., $x^\star \preceq y^\star$, wenn der Steiner'sche Punkt $\sigma_{x^\star}$ von $x^\star$ kleiner oder gleich dem Steiner'schen Punkt $\sigma_{y^\star}$ von $y^\star$ ist, d.h., $\sigma_{x^\star} \leq \sigma_{y^\star}$. Die Definition der restlichen Beziehungen, wie beispielsweise „kleiner", „größer" oder „größer gleich" basiert auf dem Größenvergleich der Steiner'schen Punkte.

Eine unmittelbare Bestimmung optimaler Entscheidungen bei Unschärfe ist nicht immer so eindeutig wie im klassischen Fall. Dennoch liefern die enthaltenen charakterisierenden Funktionen für den erwarteten Nutzen oder den erwarteten Verlust wichtige Entscheidungsgrundlagen.

5.5.4 Übungen

1. Wie lautet die charakterisierende Funktion des erwarteten Nutzens im klassischen Fall Bayes'scher Entscheidungen?

2. Wie kann der zu erwartende Nutzen bei unscharfer Nutzenfunktion und klassischer diskreter Wahrscheinlichkeitsverteilung auf Θ ermittelt werden?

6

Lösungen der Übungsaufgaben

Abschnitt 1.1

1. Im täglichen Leben tritt eine Vielzahl von sprachlichen Ungewissheiten auf. Beispielsweise enthalten die Informationen „für längere Zeit", „ein etwa 50jähriger Mann", „ein großer Hund" oder „es regnet leicht" keine exakten Angaben der betrachteten Größen, sondern geben bestenfalls Auskunft über ihre Größenordnung. Aufgrund der Gewohnheit, mit dieser Art unscharfer Informationen konfrontiert zu werden und aus ihnen brauchbare Information abzuleiten, wird die Unschärfe jedoch nicht bewusst wahrgenommen. Die Aussage „es regnet leicht" führt zu unterschiedlichen subjektiven Vorstellungen, dennoch wird niemand bei der gedanklichen Vorstellung dieser Situation Sonnenschein oder sintflutartigen Regen vor Augen haben.

Abschnitt 1.2

1. Vor Erhebung einer Stichprobe sind die Werte der Beobachtungen – im Falle eines nicht deterministischen, also zufälligen Merkmals – ungewiss. Diese Ungewissheit ist eine Folge der stochastischen Natur des betrachteten Merkmals und wird in der Modellbildung mittels einer Zufallsgröße beschrieben. Die stochastische Ungewissheit beschreibt im Wesentlichen die vor der Erhebung zufällige (und deshalb ungewisse) Lage und Größenordnung des Merkmals. Die Unschärfe der Beobachtungen entsteht häufig im Erhebungsprozess der Daten und durch die beschränkten Genauigkeiten der dafür verwendeten Instrumente (siehe Beispiel 3 in Abschnitt 1.1.)

Abschnitt 2.1

1. Die eineindeutige Beziehung einer klassischen Teilmenge $A \subseteq M$ und ihrer zugehörigen Indikatorfunktion $I_A(\cdot)$ für eine beliebige klassische Menge M ist äquivalent zur Behauptung

$$A = B \quad \Longleftrightarrow \quad I_A(x) = I_B(x) \quad \forall x \in M \,.$$

Diese Behauptung lässt sich einfach zeigen:

„$\Rightarrow$": Aus $A = B$ folgt für alle $x \in M$:

$$\left.\begin{array}{l} I_A(x) = 1 \;\Rightarrow\; x \in A \;\Rightarrow\; x \in B \;\Rightarrow\; I_B(x) = 1 \\ I_A(x) = 0 \;\Rightarrow\; x \notin A \;\Rightarrow\; x \notin B \;\Rightarrow\; I_B(x) = 0 \end{array}\right\} \Rightarrow I_A(x) = I_B(x)$$

„$\Leftarrow$": Äquivalent folgt aus $I_A(x) = I_B(x)$ für alle $x \in M$:

$$\left.\begin{array}{l} x \in A \;\Rightarrow\; I_A(x) = 1 \;\Rightarrow\; I_B(x) = 1 \;\Rightarrow\; x \in B \\ x \notin A \;\Rightarrow\; I_A(x) = 0 \;\Rightarrow\; I_B(x) = 0 \;\Rightarrow\; x \notin B \end{array}\right\} \Rightarrow A = B$$

Der Beweis der zweite Behauptung

$$A \subseteq B \quad\Longleftrightarrow\quad I_A(x) \leq I_B(x) \quad \forall x \in M$$

lässt sich mit ähnlichen Folgerungen wie im Beweis der ersten Behauptung zeigen:

„$\Rightarrow$": Aus $A \subseteq B$ folgt:

$$I_A(x) = 1 \;\Rightarrow\; x \in A \;\Rightarrow\; x \in B \;\Rightarrow\; I_B(x) = 1$$

$$\Rightarrow\; I_A(x) \leq I_B(x) \;\forall x \in M$$

„$\Leftarrow$": Aus $I_A(x) \leq I_B(x)$ für alle $x \in M$ folgt:

$$x \in A \;\Rightarrow\; I_A(x) = 1 \;\Rightarrow\; I_B(x) = 1 \;\Rightarrow\; x \in B \;\Rightarrow\; A \subseteq B$$

2. Die drei angeführten Beziehungen lassen sich direkt aus der in Aufgabe 1 bewiesenen eineindeutigen Beziehung zwischen einer Teilmenge $A \subseteq M$ und ihrer zugehörigen Indikatorfunktion $I_A(\cdot)$ ableiten.

a) $I_{A^c}(x) = 1 - I_A(x) \;\forall x \in M$:

·) $I_{A^c}(x) = 1 \;\Longleftrightarrow\; x \in A^c \;\Longleftrightarrow\; x \notin A \;\Longleftrightarrow\; I_A(x) = 0$

·) $I_{A^c}(x) = 0 \;\Longleftrightarrow\; x \notin A^c \;\Longleftrightarrow\; x \in A \;\Longleftrightarrow\; I_A(x) = 1$

b) $I_{A \cap B}(x) = I_A(x) \cdot I_B(x) = \min\{I_A(x), I_B(x)\} \;\forall x \in M$:

·) $I_{A \cap B}(x) = 1 \;\Longleftrightarrow\; x \in A \cap B \;\Longleftrightarrow\; x \in A$ und $x \in B \;\Longleftrightarrow\; I_A(x) = 1$ und $I_B(x) = 1 \;\Longleftrightarrow\; \min\{I_A(x), I_B(x)\} = 1 \;\Longleftrightarrow\; I_A(x) \cdot I_B(x) = 1$

·) $I_{A \cap B}(x) = 0 \;\Longleftrightarrow\; x \notin A \cap B \;\Longleftrightarrow\; x \notin A$ oder $x \notin B \;\Longleftrightarrow\; I_A(x) = 0$ oder $I_B(x) = 0 \;\Longleftrightarrow\; \min\{I_A(x), I_B(x)\} = 0 \;\Longleftrightarrow\; I_A(x) \cdot I_B(x) = 0$

c) $I_{A \cup B}(x) = I_A(x) + I_B(x) - I_A(x) \cdot I_B(x)$
$$= \max\{I_A(x), I_B(x)\} \quad \forall\, x \in M:$$

·) $I_{A \cup B}(x) = 1 \iff x \in A \cup B \iff x \in A$ oder $x \in B \iff$
$I_A(x) = 1$ oder $I_B(x) = 1 \iff \max\{I_A(x), I_B(x)\} = 1 \iff$
$I_A(x) + I_B(x) - I_A(x) \cdot I_B(x) = 1$

·) $I_{A \cup B}(x) = 0 \iff x \notin A \cup B \iff x \notin A$ und $x \notin B \iff$
$I_A(x) = 0$ und $I_B(x) = 0 \iff \max\{I_A(x), I_B(x)\} = 0 \iff$
$I_A(x) + I_B(x) - I_A(x) \cdot I_B(x) = 0$

Abschnitt 2.2

1. Der δ-Schnitt $C_\delta(x^\star)$ einer unscharfen Zahl $x^\star$ besteht nach Definition 2.2, Punkt 2 aus allen Werten $x \in \mathbb{R}$ mit $\xi_{x^\star}(x) \geq \delta$. Nach Definition der Indikatorfunktion (siehe (2.1)), ist der Funktionswert $I_{[a,b]}(x)$ für alle $x \in [a,b]$ gleich 1 und somit größer oder gleich jedem $\delta \in (0,1]$, für die Werte $x \notin [a,b]$ ist der Funktionswert $I_{[a,b]}(x)$ gleich 0 und somit kleiner als jedes $\delta \in (0,1]$. Somit gilt $C_\delta(x^\star) = [a,b]$ für alle $\delta \in (0,1]$.

2. Die obere Grenze des δ-Schnittes $C_\delta(x^\star)$ wird durch den Wert $\max\{x : \xi_{x^\star}(x) \geq \delta\}$ bestimmt (das Maximum wird aufgrund der Abgeschlossenheit der δ-Schnitte angenommen). Aus der Darstellung (2.3) der charakterisierenden Funktion einer unscharfen Zahl in LR-Darstellung folgt für den Fall $r > 0$:

$$\max\{x : \xi_{x^\star}(x) \geq \delta\} = \max\left\{x : R\left(\frac{x - m - s}{r}\right) \geq \delta \text{ und } x > m + s\right\}$$

$$= \max\left\{x : \frac{x - m - s}{r} \leq R^{-1}(\delta) \text{ und } x > m + s\right\}$$

$$= \max\left\{x : x \leq m + s + r\, R^{-1}(\delta) \text{ und } x > m + s\right\}$$

$$= m + s + r\, R^{-1}(\delta)\,.$$

3. Trapezförmige unscharfe Zahlen $x^\star = t^\star(m, s, l, r)$ sind nach Abschnitt 2.2.1 spezielle unscharfe Zahlen in LR-Darstellung mit

$$L(x) = R(x) = \max\{0, 1 - x\}.$$

Nach Lemma 2.1 besitzen die δ-Schnitte $C_\delta(x^\star)$ einer unscharfen Zahl in LR-Darstellung die Form

$$C_\delta(x^\star) = \left[m - s - l\, L^{-1}(\delta),\ m + s + r\, R^{-1}(\delta)\right] \qquad \forall\, \delta \in (0,1].$$

Für $L(x) = R(x) = \max\{0, 1 - x\}$ ist

$$L^{-1}(\delta) = R^{-1}(\delta) = \max\{x \in \mathbb{R} : L(x) \geq \delta\} = 1 - \delta.$$

Somit können die δ-Schnitte von trapezförmigen unscharfen Zahlen in der Form

$$C_\delta(x^\star) = \Big[m - s - l\,(1 - \delta),\ m + s + r\,(1 - \delta)\Big] \qquad \forall\,\delta \in (0, 1], \qquad (6.1)$$

dargestellt werden.

Abschnitt 2.3

1. Die Richtigkeit der Behauptung kann mittels einer zum Beweis von Satz 2.9 äquivalenten Argumentationsfolge nachgewiesen werden:
   Forderung (1) aus Definition 2.14 ist aufgrund der vorausgesetzten Eigenschaft von $\xi_{x^\star}(\cdot, \ldots, \cdot)$ trivial erfüllt. Aus Bedingung (a) folgt, dass die δ-Schnitte für alle $\delta \in (0, 1]$ nicht leer sind.
   Mit der Definition $C_\delta(x^\star) := \{x \in \mathbb{R}^n : \xi_{x^\star}(x) \geq \delta\}$ und für zwei beliebige Vektoren $x_1 \in C_\delta(x^\star)$ bzw. $x_2 \in C_\delta(x^\star)$ und $0 < \lambda < 1$ folgt aus (b):

$$\xi_{x^\star}(\lambda \cdot x_1 + (1 - \lambda) \cdot x_2) \geq \min\{\xi_{x^\star}(x_1), \xi_{x^\star}(x_2)\} \geq \delta$$

und daraus

$$\lambda \cdot x_1 + (1 - \lambda) \cdot x_2 \in C_\delta(x^\star),$$

d.h., $C_\delta(x^\star)$ ist konvex und somit einfach zusammenhängend. Die Abgeschlossenheit von $C_\delta(x^\star)$ kann aus (c) abgeleitet werden: Für eine beliebige Folge $(x_n)_{n \in \mathbb{N}}$ mit $x_n \in C_\delta(x^\star)$, d.h., $\xi_{x^\star}(x_n) \geq \delta$ für alle $n \in \mathbb{N}$, und $x_n \to x_0$ gilt $\lim_{x_n \to x_0} \xi_{x^\star}(x_n) \geq \delta$. Mit (c) gilt $\lim_{x_n \to x_0} \xi_{x^\star}(x_n) \leq \xi_{x^\star}(x_0)$ und daraus folgt $\xi_{x^\star}(x_0) \geq \delta$, d.h., $C_\delta(x^\star)$ ist abgeschlossen. Wegen (d) ist $C_\delta(x^\star)$ für alle $\delta \in (0, 1]$ beschränkt und damit Forderung (2) erfüllt.

Die Eigenschaften (a) bis (d) sind jedoch nicht äquivalent zu Definition 2.14. Aus dem obigen Beweis ist ersichtlich, dass die δ-Schnitte eines durch die Eigenschaften (a) bis (d) definierten unscharfen Vektors konvexe und kompakte Teilmengen von $\mathbb{R}^n$ sind. In Definition 2.14 werden jedoch nur einfach zusammenhängende und kompakte Teilmengen von $\mathbb{R}^n$ als δ-Schnitte gefordert. Die Eigenschaften (a) bis (d) definieren somit die Menge $\mathcal{F}_c(\mathbb{R}^n) \subseteq \mathcal{F}(\mathbb{R}^n)$ (Bemerkung 2.15).

Abschnitt 2.4

1. Nach Aufgabe 3 der Übungen von Abschnitt 2.2 können die δ-Schnitte von trapezförmigen unscharfen Zahlen $x^\star = t^\star(m, s, l, r)$ in der Form

$$C_\delta(x^\star) = \Big[m - s - l\,(1 - \delta),\ m + s + r\,(1 - \delta)\Big] \qquad \forall\,\delta \in (0, 1], \qquad (6.2)$$

dargestellt werden. Weiters gilt nach Satz 2.21: Werden zwei unscharfe Zahlen $x_1^\star$ und $x_2^\star$ mit Hilfe der Minimum-Kombinationsregel zu einem unscharfen Vektor $\boldsymbol{x}^\star$ kombiniert, so ist der δ-Schnitt $C_\delta(\boldsymbol{x}^\star)$ des unscharfen Vektors das cartesische Produkt der δ-Schnitte $C_\delta(x_i^\star)$, d.h.

$$C_\delta(\boldsymbol{x}^\star) = C_\delta(x_1^\star) \times C_\delta(x_2^\star) \quad \forall \, \delta \in (0,1] \, .$$

Konkret folgt für $x_1^\star = t^\star(2,0,1,1)$ und $x_2^\star = t^\star(3,1,1,1)$ nach (6.2) für alle $\delta \in (0,1]$:

$$C_\delta(x_1^\star) = \Big[2 - 0 - 1\,(1-\delta), \; 2 + 0 + 1\,(1-\delta) \Big] = \Big[1+\delta, \; 3-\delta \Big]$$

und

$$C_\delta(x_2^\star) = \Big[3 - 1 - 1\,(1-\delta), \; 3 + 1 + 1\,(1-\delta) \Big] = \Big[1+\delta, \; 5-\delta \Big]$$

und gesamt

$$C_\delta(\boldsymbol{x}^\star) = \Big[1+\delta, \; 3-\delta \Big] \times \Big[1+\delta, \; 5-\delta \Big] \, .$$

2. Der Beweis erfolgt analog zum Beweis von Satz 2.21:

$$\begin{aligned}
C_\delta(\boldsymbol{y}^\star) &= \big\{ \boldsymbol{y} \in \mathbb{R}^{kn} : \xi_{\boldsymbol{y}^\star}(\boldsymbol{y}) \geq \delta \big\} \\
&= \Big\{ (\boldsymbol{x}_1, \ldots, \boldsymbol{x}_k) \in \mathbb{R}^{kn} : \min_{i=1(1)k} \xi_{\boldsymbol{x}_i^\star}(\boldsymbol{x}_i) \geq \delta \Big\} \\
&= \big\{ (\boldsymbol{x}_1, \ldots, \boldsymbol{x}_k) \in \mathbb{R}^{kn} : \xi_{\boldsymbol{x}_i^\star}(\boldsymbol{x}_i) \geq \delta \; \forall \, i = 1(1)k \big\} \\
&= \mathop{\LARGE\times}_{i=1}^{k} \big\{ \boldsymbol{x}_i \in \mathbb{R}^n : \xi_{\boldsymbol{x}_i^\star}(\boldsymbol{x}_i) \geq \delta \big\} = \mathop{\LARGE\times}_{i=1}^{k} C_\delta(\boldsymbol{x}_i^\star)
\end{aligned}$$

Der δ-Schnitt $C_\delta(\boldsymbol{y}^\star)$ des kombinierten kn-dimensionalen unscharfen Vektors $\boldsymbol{y}^\star$ ist das cartesische Produkt der δ-Schnitte $C_\delta(\boldsymbol{x}_i^\star)$ der k unscharfen Vektoren $\boldsymbol{x}_i^\star$ und ist somit eine nichtleere, einfach zusammenhängende und kompakte Teilmenge des $\mathbb{R}^{kn}$, also ist $\boldsymbol{y}^\star$ ein unscharfer Vektor nach Definition 2.14.

Abschnitt 2.5

1. Zur die Berechnung des verallgemeinerten Produktes $x^\star = x_1^\star \odot x_2^\star$ zweier unscharfer Zahlen $x_1^\star$ und $x_2^\star$ mit δ-Schnitten $C_\delta(x_1^\star) = [\underline{x}_{1,\delta}, \overline{x}_{1,\delta}]$ und $C_\delta(x_2^\star) = [\underline{x}_{2,\delta}, \overline{x}_{2,\delta}]$ sind folgende Fälle zu unterscheiden:

   a) Liegen die δ-Schnitte beider unscharfer Zahlen vollständig im positiven Bereich, d.h., $C_\delta(x_1^\star) = [\underline{x}_{1,\delta}, \overline{x}_{1,\delta}]$ und $C_\delta(x_2^\star) = [\underline{x}_{2,\delta}, \overline{x}_{2,\delta}]$ mit $\underline{x}_{1,\delta} \geq 0$ und $\underline{x}_{2,\delta} \geq 0$, so berechnet sich der δ-Schnitt von $x^\star$ durch

$$C_\delta(x^\star) = \big[\underline{x}_{1,\delta} \cdot \underline{x}_{2,\delta}, \; \overline{x}_{1,\delta} \cdot \overline{x}_{2,\delta} \big] \, .$$

   Der δ-Schnitt liegt somit vollständig im positiven Bereich.

b) Liegt der δ-Schnitt einer unscharfen Zahl vollständig im positiven Bereich, z.B. $C_\delta(x_1^\star) = [\underline{x}_{1,\delta}, \overline{x}_{1,\delta}]$ mit $\underline{x}_{1,\delta} \geq 0$, und der δ-Schnitt der anderen unscharfen Zahl vollständig im negativen Bereich, z.B. $C_\delta(x_2^\star) = [\underline{x}_{2,\delta}, \overline{x}_{2,\delta}]$ mit $\overline{x}_{2,\delta} \leq 0$, so berechnet sich der δ-Schnitt von $x^\star$ durch

$$C_\delta(x^\star) = \left[\overline{x}_{1,\delta} \cdot \underline{x}_{2,\delta},\ \underline{x}_{1,\delta} \cdot \overline{x}_{2,\delta}\right] .$$

Der δ-Schnitt liegt somit vollständig im negativen Bereich.

c) Liegen die δ-Schnitte beider unscharfer Zahlen vollständig im negativen Bereich, d.h., $C_\delta(x_1^\star) = [\underline{x}_{1,\delta}, \overline{x}_{1,\delta}]$ und $C_\delta(x_2^\star) = [\underline{x}_{2,\delta}, \overline{x}_{2,\delta}]$ mit $\overline{x}_{1,\delta} \leq 0$ und $\overline{x}_{2,\delta} \leq 0$, so berechnet sich der δ-Schnitt von $x^\star$ durch

$$C_\delta(x^\star) = \left[\overline{x}_{1,\delta} \cdot \overline{x}_{2,\delta},\ \underline{x}_{1,\delta} \cdot \underline{x}_{2,\delta}\right] .$$

Der δ-Schnitt liegt somit vollständig im positiven Bereich.

d) Liegen die δ-Schnitte beider unscharfer Zahlen sowohl im positiven als auch im negativen Bereich, d.h., $C_\delta(x_1^\star) = [\underline{x}_{1,\delta}, \overline{x}_{1,\delta}]$ und $C_\delta(x_2^\star) = [\underline{x}_{2,\delta}, \overline{x}_{2,\delta}]$ mit $\underline{x}_{1,\delta} \leq 0$, $\overline{x}_{1,\delta} \geq 0$, $\underline{x}_{2,\delta} \leq 0$ und $\overline{x}_{2,\delta} \geq 0$, so berechnet sich der δ-Schnitt von $x^\star$ durch

$$C_\delta(x^\star) = \left[\min\left\{\underline{x}_{1,\delta} \cdot \overline{x}_{2,\delta},\ \overline{x}_{1,\delta} \cdot \underline{x}_{2,\delta}\right\},\ \max\left\{\underline{x}_{1,\delta} \cdot \underline{x}_{2,\delta},\ \overline{x}_{1,\delta} \cdot \overline{x}_{2,\delta}\right\}\right] .$$

Der δ-Schnitt liegt somit sowohl im positiven als auch im negativen Bereich.

e) Liegt der δ-Schnitt einer unscharfen Zahl vollständig im positiven Bereich, z.B. $C_\delta(x_1^\star) = [\underline{x}_{1,\delta}, \overline{x}_{1,\delta}]$ mit $\underline{x}_{1,\delta} \geq 0$, und der δ-Schnitt der anderen unscharfen Zahl sowohl im positiven als auch im negativen Bereich, d.h., $C_\delta(x_2^\star) = [\underline{x}_{2,\delta}, \overline{x}_{2,\delta}]$ mit $\underline{x}_{2,\delta} \leq 0$ und $\overline{x}_{2,\delta} \geq 0$, so berechnet sich der δ-Schnitt von $x^\star$ durch

$$C_\delta(x^\star) = \left[\overline{x}_{1,\delta} \cdot \underline{x}_{2,\delta},\ \overline{x}_{1,\delta} \cdot \overline{x}_{2,\delta}\right] .$$

Der δ-Schnitt liegt somit sowohl im positiven als auch im negativen Bereich.

f) Liegt der δ-Schnitt einer unscharfen Zahl vollständig im negativen Bereich, z.B. $C_\delta(x_1^\star) = [\underline{x}_{1,\delta}, \overline{x}_{1,\delta}]$ mit $\overline{x}_{1,\delta} \leq 0$, und der δ-Schnitt der anderen unscharfen Zahl sowohl im positiven als auch im negativen Bereich, d.h., $C_\delta(x_2^\star) = [\underline{x}_{2,\delta}, \overline{x}_{2,\delta}]$ mit $\underline{x}_{2,\delta} \leq 0$ und $\overline{x}_{2,\delta} \geq 0$, so berechnet sich der δ-Schnitt von $x^\star$ durch

$$C_\delta(x^\star) = \left[\underline{x}_{1,\delta} \cdot \overline{x}_{2,\delta},\ \underline{x}_{1,\delta} \cdot \underline{x}_{2,\delta}\right] .$$

Der δ-Schnitt liegt somit sowohl im positiven als auch im negativen Bereich.

Durch Zusammenfassung der obigen sechs Fälle ergibt sich die in (2.12) dargestellte Form von $C_\delta(x^\star)$:

$$C_\delta(x^\star) = \Big[\min\big\{\underline{x}_{1,\delta} \cdot \underline{x}_{2,\delta},\ \underline{x}_{1,\delta} \cdot \overline{x}_{2,\delta},\ \overline{x}_{1,\delta} \cdot \underline{x}_{2,\delta},\ \overline{x}_{1,\delta} \cdot \overline{x}_{2,\delta}, \big\},$$
$$\max\big\{\underline{x}_{1,\delta} \cdot \underline{x}_{2,\delta},\ \underline{x}_{1,\delta} \cdot \overline{x}_{2,\delta},\ \overline{x}_{1,\delta} \cdot \underline{x}_{2,\delta},\ \overline{x}_{1,\delta} \cdot \overline{x}_{2,\delta}, \big\}\Big].$$

2. Durch Anwendung von (2.7) auf die in Abbildung 2.20 dargestellten charakterisierenden Funktionen folgt die in Abbildung 6.1 dargestellte charakterisierende Funktion $\xi_{x^\star}(\cdot)$ der Summe $x^\star = x_1^\star \oplus x_2^\star$:

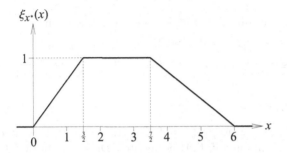

Abbildung 6.1. Charakterisierende Funktionen der Summe

3. Abbildung 6.2 zeigt die aus Gleichung (2.12) berechnete charakterisierende Funktion $\xi_{x^\star}(\cdot)$ des Produktes $x^\star = x_1^\star \odot x_2^\star$.

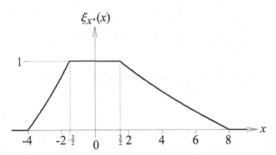

Abbildung 6.2. Charakterisierende Funktionen des Produktes

Abschnitt 2.6

1. Für eine klassische Funktion $f : \mathbb{R} \to \mathbb{R}$ ist die „charakterisierende" Funktion $\xi_{f(x)}(\cdot)$ des Wertes von $f(\cdot)$ an der Stelle $x \in \mathbb{R}$ gleich der Indikatorfunktion des Wertes selbst, d.h.,

$$\xi_{f(x)}(y) = I_{f(x)}(y) \qquad \forall y \in \mathbb{R}.$$

Die δ-Schnitte von $\xi_{f(x)}(\cdot)$ bestehen in diesem Fall für alle $\delta \in (0,1]$ nur aus dem Wert $f(x)$. Daraus folgt, dass sowohl die obere als auch die untere δ-Niveaukurve für alle $\delta \in (0,1]$ gleich der klassischen Funktion $f(\cdot)$ sind, d.h., für alle $\delta \in (0,1]$ gilt

$$\underline{f}_\delta(x) = \overline{f}_\delta(x) = f(x) \qquad \forall x \in \mathbb{R}.$$

Damit folgt für die δ-Schnitte des mit der verallgemeinerten Integration berechneten Wertes

$$\mathcal{J}^* = \int_a^b f(x)\,dx \qquad a \le b;\ a,b \in \mathbb{R}$$

aus der Definition der verallgemeinerten Integration:

$$\underline{\mathcal{J}}_\delta = \int_a^b \underline{f}_\delta(x)\,dx = \int_a^b f(x)\,dx = \int_a^b \overline{f}_\delta(x)\,dx = \overline{\mathcal{J}}_\delta.$$

Abschnitt 2.7

1. Als unscharfe Dichte $\pi^*(\cdot)$ auf dem Intervall $[0,1]$ wird eine unscharfe Gleichverteilung auf $[0,1]$ betrachtet. Diese unscharfe Gleichverteilung wird durch ihre oberen und unteren δ-Niveaukurven mit

$$\overline{\pi}_\delta(x) = (1.1 - 0.05\,\delta)I_{[0,1]}(x) \qquad \forall x \in \mathbb{R}$$

und

$$\underline{\pi}_\delta(x) = (0.9 + 0.05\,\delta)I_{[0,1]}(x) \qquad \forall x \in \mathbb{R}$$

beschrieben. Diese δ-Niveaukurven erfüllen für alle $\delta \in (0,1]$ aufgrund von

$$\int_{\mathbb{R}} \overline{\pi}_\delta(x)\,dx = \int_0^1 (1.1 - 0.05\,\delta)\,dx = 1.1 - 0.05\,\delta > 1 \qquad (6.3)$$

und

$$\int_{\mathbb{R}} \underline{\pi}_\delta(x)\,dx = \int_0^1 (0.9 + 0.05\,\delta)\,dx = 0.9 + 0.05\,\delta < 1 \qquad (6.4)$$

die Forderung (2.13) für unscharfe Dichten. Weiters folgt aus der Definition des verallgemeinerten Integrals (Abschnitt 2.6.1) und aus (6.3) bzw. (6.4):

$$\int_0^1 \pi^*(x)\,dx = \mathcal{J}^*$$

mit $C_\delta(\mathcal{J}^*) = [0.9 + 0.05\,\delta,\ 1.1 - 0.05\,\delta]$.
Abbildung 6.3 zeigt die charakterisierende Funktion $\xi_{\mathcal{J}^*}(\cdot)$ des unscharfen Integrals $\mathcal{J}^*$.

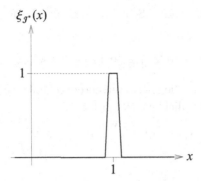

Abbildung 6.3. Charakterisierende Funktion des unscharfen Integrals $\mathcal{J}^*$

2. Die Berechnung der unscharfen Wahrscheinlichkeit

$$P^\star\big([0,0.5]\big) = \fint_0^{0.5} \pi^\star(x)\,dx$$

erfolgt über deren δ-Schnitte

$$C_\delta\left(P^\star\big([0,0.5]\big)\right) = \left[\underline{P}_\delta\big([0,0.5]\big),\, \overline{P}_\delta\big([0,0.5]\big)\right]$$

aus den beiden Gleichungen (2.14) und (2.15). Mit der unscharfen Dichte aus Aufgabe 1 gilt für alle $\delta \in (0,1]$

$$\int_{[0,0.5]} \overline{\pi}_\delta(x)\,dx + \int_{[0,0.5]^c} \underline{\pi}_\delta(x)\,dx$$
$$= \int_0^{0.5} (1.1 - 0.05\,\delta)\,dx + \int_{0.5}^1 (0.9 + 0.05\,\delta)\,dx = 1\,.$$

Damit folgt aus Gleichung (2.14)

$$\overline{P}_\delta\big([0,0.5]\big) = \int_0^{0.5} (1.1 - 0.05\,\delta)\,dx = 0.55 - 0.025\,\delta\,.$$

Aus

$$\int_{[0,0.5]} \underline{\pi}_\delta(x)\,dx + \int_{[0,0.5]^c} \overline{\pi}_\delta(x)\,dx$$
$$= \int_0^{0.5} (0.9 + 0.05\,\delta)\,dx + \int_{0.5}^1 (1.1 - 0.05\,\delta)\,dx = 1$$

folgt aus Gleichung (2.15)

$$\underline{P}_\delta\big([0,0.5]\big) = \int_0^{0.5} (0.9 + 0.05\,\delta)\,dx = 0.45 + 0.025\,\delta\,.$$

Gesamt folgt für die δ-Schnitte der unscharfen Wahrscheinlichkeit $P^\star\big([0, 0.5]\big)$

$$C_\delta\big(P^\star\big([0, 0.5]\big)\big) = [0.45 + 0.025\,\delta,\ 0.55 - 0.025\,\delta]\,.$$

Abbildung 6.4 zeigt die charakterisierende Funktion $\xi_{P^\star([0,0.5])}(\cdot)$ der unscharfen Wahrscheinlichkeit $P^\star\big([0, 0.5]\big)$.

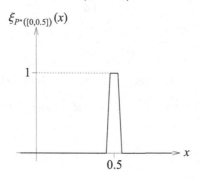

Abbildung 6.4. Charakterisierende Funktion von $P^\star([0, 0.5])$

Abschnitt 3.1

1. Abbildung 6.5 zeigt die nach Definition 3.1 aus den beiden Gleichungen (3.2) und (3.3) berechnete unscharfe relative Häufigkeit $h^\star_{30}\big((1, 1.5]\big)$ der in Tabelle 3.1 enthaltenen 30 dreieckförmigen unscharfen Beobachtungen.

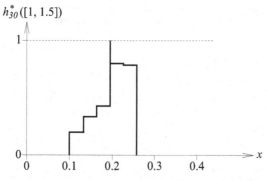

Abbildung 6.5. Unscharfe relative Häufigkeit $h^\star_n\big((1, 1.5]\big)$

Die in Abbildung 6.5 dargestellte Form ist typisch für die aus dreiecksförmigen unscharfen Zahlen berechnete unscharfe relative Häufigkeit: Die δ-Schnitte der dreieckförmigen unscharfen Zahlen werden mit steigendem δ kleiner und enthalten im 1-Schnitt nur mehr einen Wert. Ab einem bestimmten Wert δ_0 liegen alle δ-Schnitte entweder völlig innerhalb oder außerhalb der betrachteten Klassengrenzen. Ab diesem Wert δ_0 ist die untere Grenze der δ-Schnitte der unscharfen relativen Häufigkeit gleich der oberen Grenze. Insbesondere gilt dies für den 1-Schnitt.

2. Die beiden Ungleichungen (3.6) und (3.7) folgen direkt aus den beiden Definitionen (3.2) und (3.3) der oberen und unteren Grenzen $\overline{h}_{n,\delta}(\cdot)$ und $\underline{h}_{n,\delta}(\cdot)$ der δ-Schnitte der unscharfen relativen Häufigkeit $h_n^*(\cdot)$:
Besitzt der Träger einer unscharfen Beobachtung einen nichtleeren Durchschnitt mit beiden Klassen K_i und K_{i+1}, so wird diese Beobachtung sowohl bei der Bestimmung des Wertes $\overline{h}_{n,\delta}(K_i)$ als auch bei der Bestimmung des Wertes $\overline{h}_{n,\delta}(K_{i+1})$ gezählt. Die Beobachtung wird somit in der Summe $\overline{h}_{n,\delta}(K_i) + \overline{h}_{n,\delta}(K_{i+1})$ insgesamt zweimal gezählt. Im Falle der Vereinigung der beiden Klassen wird diese Beobachtung allerding nur einmal für $\overline{h}_{n,\delta}(K_i \cup K_{i+1})$ gezählt. Daraus folgt die Ungleichung (3.6).
Liegt andererseits der Träger einer Beobachtung nicht vollständig in der Klasse K_i und nicht vollständig in der Klasse K_{i+1}, jedoch vollständig in der Vereinigung $K_i \cup K_{i+1}$ der beiden Klassen, so wird diese Beobachtung bei der Bestimmung der beiden Werte $\underline{h}_{n,\delta}(K_i)$ und $\underline{h}_{n,\delta}(K_{i+1})$ nicht gezählt, wohl aber bei der Bestimmung des Wertes $\underline{h}_{n,\delta}(K_i \cup K_{i+1})$. Daraus folgt die Ungleichung (3.7).

Abschnitt 3.2

1. Abbildung 6.6 zeigt die mittels Gleichung (3.8) berechnete geglättete empirische Verteilungsfunktion.

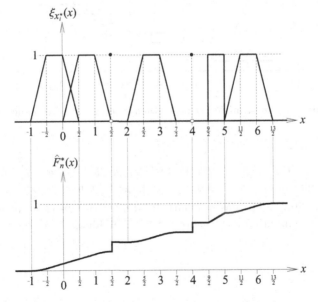

Abbildung 6.6. Geglättete empirische Verteilungsfunktion

2. In Abbildung 6.7 sind der 0-Schnitt und der 0.5-Schnitt der unscharfen empirischen Verteilungsfunktion dargestellt.

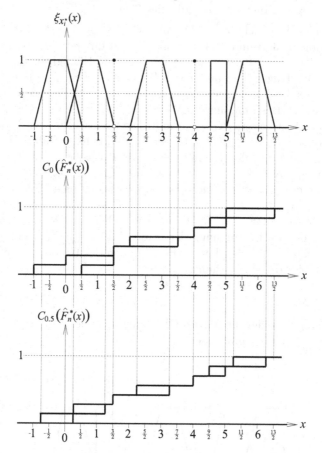

Abbildung 6.7. δ-Schnitte der unscharfen empirischen Verteilungsfunktion

Abschnitt 3.3

1. Abbildung 6.8 zeigt das 0.5-Fraktil der geglätteten empirischen Verteilungsfunktion der in Abbildung 3.9 dargestellten unscharfen Stichprobe.

2. In Abbildung 6.9 ist das unscharfe 0.5-Fraktil der unscharfen empirischen Verteilungsfunktion der Stichprobe aus Abbildung 3.9 dargestellt.

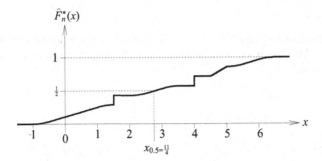

Abbildung 6.8. 0.5-Fraktil der geglätteten empirischen Verteilungsfunktion

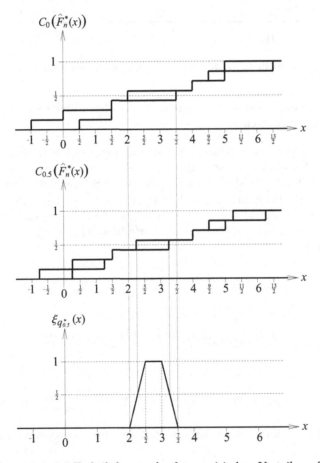

Abbildung 6.9. 0.5-Fraktil der unscharfen empirischen Verteilungsfunktion

Abschnitt 3.4

1. Abbildung 6.10 zeigt die charakterisierenden Funktionen des Minimums und des Maximums der in Abbildung 3.12 dargestellten unscharfen Beobachtungen.

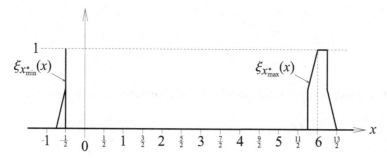

Abbildung 6.10. Unscharfes Minimum und Maximum

Minimum und Maximum der unscharfen Beobachtungen sind polygonförmige unscharfe Zahlen.

2. Die δ-Schnitte des unscharfen Minimums und des unscharfen Maximums sind nach Definition abgeschlossene und kompakte Intervalle (die Kompaktheit folgt aus der Kompaktheit der δ-Schnitte der einzelnen unscharfen Beobachtungen $x_i^\star$). Für zwei Werte $\delta_1 \in (0,1]$ und $\delta_2 \in (0,1]$ mit $\delta_1 < \delta_2$ folgt aus der Schachtelung der δ-Schnitte einer unscharfen Zahl (Bemerkung 2.4) für jede unscharfe Beobachtung $x_i^\star$ mit δ-Schnitten $C_\delta(x_i^\star) = [\underline{x}_{i,\delta}, \overline{x}_{i,\delta}]$

$$\underline{x}_{i,\delta_1} \leq \underline{x}_{i,\delta_2} \quad \text{und} \quad \overline{x}_{i,\delta_1} \geq \overline{x}_{i,\delta_2},$$

und weiters

$$\min_{i=1(1)n} \underline{x}_{i,\delta_1} \leq \min_{i=1(1)n} \underline{x}_{i,\delta_2} \quad \text{und} \quad \min_{i=1(1)n} \overline{x}_{i,\delta_1} \geq \min_{i=1(1)n} \overline{x}_{i,\delta_2}. \tag{6.5}$$

sowie

$$\max_{i=1(1)n} \underline{x}_{i,\delta_1} \leq \max_{i=1(1)n} \underline{x}_{i,\delta_2} \quad \text{und} \quad \max_{i=1(1)n} \overline{x}_{i,\delta_1} \geq \max_{i=1(1)n} \overline{x}_{i,\delta_2}. \tag{6.6}$$

Nach der Definition der δ-Schnitte des Minimums unscharfer Beobachtungen gilt

$$C_{\delta_1}(x_{\min}^\star) = \left[\min_{i=1(1)n} \underline{x}_{i,\delta_1}, \ \min_{i=1(1)n} \overline{x}_{i,\delta_1} \right]$$

und

$$C_{\delta_2}(x_{\min}^\star) = \left[\min_{i=1(1)n} \underline{x}_{i,\delta_2}, \ \min_{i=1(1)n} \overline{x}_{i,\delta_2} \right].$$

Aus (6.5) folgt $C_{\delta_2}(x_{\min}^\star) \subseteq C_{\delta_1}(x_{\min}^\star)$, d.h., die δ-Schnitte des Minimums sind geschachtelt. Das Minimum von unscharfen Beobachtungen ist somit eine unscharfe Zahl nach Definition 2.2.

Nach der Definition der δ-Schnitte des Maximums unscharfer Beobachtungen gilt

$$C_{\delta_1}(x_{\max}^\star) = \left[\max_{i=1(1)n} \underline{x}_{i,\delta_1}, \; \max_{i=1(1)n} \overline{x}_{i,\delta_1}\right]$$

bzw.

$$C_{\delta_2}(x_{\max}^\star) = \left[\max_{i=1(1)n} \underline{x}_{i,\delta_2}, \; \max_{i=1(1)n} \overline{x}_{i,\delta_2}\right].$$

Aus (6.6) folgt $C_{\delta_2}(x_{\max}^\star) \subseteq C_{\delta_1}(x_{\max}^\star)$, d.h., die δ-Schnitte des Maximums sind geschachtelt. Das Maximum von unscharfen Beobachtungen ist somit eine unscharfe Zahl nach Definition 2.2.

Abschnitt 4.1

1. In Abbildung 6.11 ist die charakterisierende Funktion des unscharfen Stichprobenmittels $\overline{x}_{12}^\star$ der unscharfen Stichprobe aus Abbildung 3.12 dargestellt.

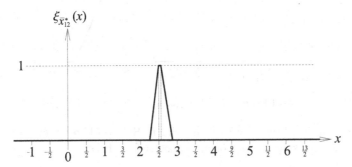

Abbildung 6.11. Charakterisierende Funktionen des Stichprobenmittels $\overline{x}_{12}^\star$

Die Berechnung des unscharfen Stichprobenmittels $\overline{x}_{12}^\star$ ist sehr einfach: Die unscharfe Stichprobe in Abbildung 3.12 besteht aus 12 trapezförmigen unscharfen Zahlen. Tabelle 6.1 enthält die Werte der 12 Beobachtungen.

$$x_1^\star = t^\star(-0.250, 0.000, 0.500, 0.500) \qquad x_2^\star = t^\star(-0.500, 0.000, 0.000, 0.000)$$
$$x_3^\star = t^\star(0.125, 0.125, 0.500, 0.500) \qquad x_4^\star = t^\star(1.000, 0.000, 0.500, 0.500)$$
$$x_5^\star = t^\star(1.500, 0.000, 0.000, 0.000) \qquad x_6^\star = t^\star(2.000, 0.000, 0.500, 0.500)$$
$$x_7^\star = t^\star(2.500, 0.000, 0.500, 0.500) \qquad x_8^\star = t^\star(3.000, 0.000, 0.000, 0.000)$$
$$x_9^\star = t^\star(4.000, 0.000, 0.000, 0.000) \qquad x_{10}^\star = t^\star(5.000, 0.000, 0.500, 0.500)$$
$$x_{11}^\star = t^\star(6.000, 0.000, 0.500, 0.500) \qquad x_{12}^\star = t^\star(6.000, 0.250, 0.000, 0.000)$$

Tabelle 6.1. Werte der unscharfen Stichprobe

Mit den in den beiden Gleichungen (2.10) und (2.11) angeführten Rechenregeln für unscharfe Zahlen in LR-Darstellung folgt das unscharfe Stichprobenmittel

$$\overline{x}^{\star}_{12} = \frac{1}{12} \odot \bigoplus_{i=1}^{12} x^{\star}_i = \frac{1}{12} \odot \bigoplus_{i=1}^{12} t^{\star}(m_i, s_i, l_i, r_i)$$

$$= t^{\star}\left(\frac{1}{12}\sum_{i=1}^{12} m_i, \frac{1}{12}\sum_{i=1}^{12} s_i, \frac{1}{12}\sum_{i=1}^{12} l_i, \frac{1}{12}\sum_{i=1}^{12} r_i\right)$$

$$= t^{\star}(2.531, 0.031, 0.292, 0.292).$$

2. Abbildung 6.12 zeigt die charakterisierenden Funktionen der aus den Algorithmen in Abschnitt 4.1.1 berechneten unscharfen Stichprobenvarianz der in Abbildung 3.12 dargestellten unscharfen Beobachtungen.

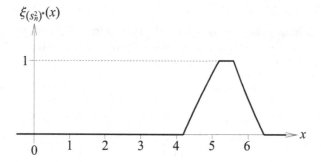

Abbildung 6.12. Unscharfe Stichprobenvarianz

Es ist zu beachten, dass die unscharfe Stichprobenvarianz bei näherer Betrachtung keine trapezförmige unscharfe Zahl ist.

Abschnitt 4.3:

1. Aus der Theorie der klassischen Statistik ist bekannt, dass

$$\kappa(X_1, \dots, X_n) = \left[\frac{2}{\chi^2_{2n;1-\frac{\alpha}{2}}}\sum_{i=1}^{n} X_i, \frac{2}{\chi^2_{2n;\frac{\alpha}{2}}}\sum_{i=1}^{n} X_i\right] \qquad (6.7)$$

eine Konfidenzfunktion für den Parameter θ einer Exponentialverteilung $X \sim Ex_\theta$ mit Überdeckungswahrscheinlichkeit $1-\alpha$ ist. Aus dieser Konfidenzfunktion kann mittels der in Definition 4.4 angeführten Gleichung ein unscharfes Konfidenzintervall $\Theta^{\star}_{1-\alpha}$ berechnet werden.

Der unscharfe Konfidenzbereich kann auch aus folgender Überlegung konstruiert werden: Der Wert $\xi_{\Theta^{\star}_{1-\alpha}}(\theta)$ der Zugehörigkeitsfunktion $\xi_{\Theta^{\star}_{1-\alpha}}(\cdot)$ von $\Theta^{\star}_{1-\alpha}$ an einer Stelle $\theta \in \Theta$ wird nach Definition 4.4 durch das Supremum aller Werte $\xi_{x^{\star}}(x)$ bestimmt, für die θ im Konfidenzbereich $\kappa(x)$

liegt. Andererseits folgt aus dieser Definition auch, dass für einen beliebigen Vektor $\boldsymbol{x} \in \mathbb{R}^n$ der Wert der charakterisierenden Funktion $\xi_{\Theta_{1-\alpha}^\star}(\cdot)$ für alle $\theta \in \kappa(\boldsymbol{x})$ größer oder gleich $\xi_{\boldsymbol{x}^\star}(\boldsymbol{x})$ ist. Die Vereinigung

$$\bigcup_{\boldsymbol{x} \in C_\delta(\boldsymbol{x}^\star)} \kappa(\boldsymbol{x})$$

beschreibt somit den δ-Schnitt des unscharfe Konfidenzbereiches $\Theta_{1-\alpha}^\star$ (diese Überlegung entspricht im Falle der Fortsetzung einer reellen Funktion mittels Erweiterungsprinzip dem Ergebnis in Satz 2.29, Punkt 2).
Die obere und untere Grenze des Konfidenzbereiches (6.7) für den Parameter einer Exponentialverteilung sind stetige und monoton wachsende Funktionen der Beobachtungen $(X_1, \ldots, X_n)$.
Liegen n unscharfe Beobachtungen $x_1^\star, \ldots, x_n^\star$ mit zugehörigen δ-Schnitten $C_\delta(x_i^\star) = \left[\underline{x}_{i,\delta}, \overline{x}_{i,\delta}\right]$ vor, so folgt aus der Stetigkeit und der Monotonie der Grenzen des Konfidenzbereiches:

$$\bigcup_{\boldsymbol{x} \in C_\delta(\boldsymbol{x}^\star)} \kappa(\boldsymbol{x}) = \bigcup_{\boldsymbol{x} \in C_\delta(\boldsymbol{x}^\star)} \left[\frac{2}{\chi_{2n;1-\frac{\alpha}{2}}^2} \sum_{i=1}^n x_i, \frac{2}{\chi_{2n;\frac{\alpha}{2}}^2} \sum_{i=1}^n x_i\right]$$

$$= \left[\frac{2}{\chi_{2n;1-\frac{\alpha}{2}}^2} \sum_{i=1}^n \underline{x}_{i,\delta}, \frac{2}{\chi_{2n;\frac{\alpha}{2}}^2} \sum_{i=1}^n \overline{x}_{i,\delta}\right]$$

Dieses Intervall ist der δ-Schnitt des unscharfen Konfidenzbereiches $\Theta_{1-\alpha}^\star$. In Abbildung 6.13 ist der unscharfe Konfidenzbereich mit Überdeckungswahrscheinlichkeit 0.95 für die unscharfen Beobachtungen aus Beispiel 4.2 dargestellt.

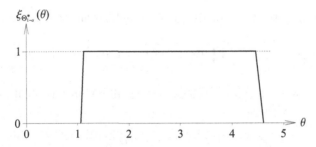

Abbildung 6.13. Unscharfer Konfidenzbereich

2. Die Begründung für die Behauptung in Bemerkung 4.5 kann direkt aus der Lösung von Aufgabe 1 abgeleitet werden. Demnach ist für einen beliebigen Vektor $\boldsymbol{x} \in \mathbb{R}^n$ die charakterisierende Funktion $\xi_{\Theta_{1-\alpha}^\star}(\cdot)$ für alle $\theta \in \kappa(\boldsymbol{x})$ größer oder gleich $\xi_{\boldsymbol{x}^\star}(\boldsymbol{x})$. Insbesondere ist $\xi_{\Theta_{1-\alpha}^\star}(\cdot)$ für alle

$$\theta \in \bigcup_{\boldsymbol{x} \in C_\delta(\boldsymbol{x}^\star)} \kappa(\boldsymbol{x}) = \bigcup_{\boldsymbol{x} \in \xi_{\boldsymbol{x}^\star}(x^\star)=1} \kappa(\boldsymbol{x})$$

größer oder gleich 1, d.h. genau 1.

Abschnitt 4.4

1. Die klassische Teststatistik ist $\frac{\bar{x}_n - \mu_0}{s_n/\sqrt{n}}$. Aus dieser Teststatistik kann für eine unscharfe Stichprobe $x_1^\star, \ldots, x_n^\star$ mit Hilfe des Fortsetzungsprinzips die charakterisierende Funktion des unscharfen Wertes der Teststatistik und anschließend der zugehörige p-Wert ermittelt werden.

2. Für eine praktisch hinreichende Angabe der charakterisierenden Funktion von $p^\star$ muss lediglich für einige Werte von $\delta \in (0,1]$ der entsprechende δ-Schnitt des unscharfen p-Wertes bestimmt werden.

Abschnitt 5.1

1. Aus der Angabe folgt $\pi(\theta) = I_{[0,1]}(\theta)$ für die A-priori-Dichte der stochastischen Größe $\widetilde{\theta}$. Für die Werte in einer Stichprobe gibt es in der Anteilschätzung nur zwei verschiedene Möglichkeiten: $1 \cong$ „geprüftes Stück ist nicht schadhaft" und $0 \cong$ „geprüftes Stück ist schadhaft". Die der Stichprobe zugrundeliegende stochastische Größe X ist somit Alternativverteilt mit Parameter θ, d.h., $X \sim A_\theta$ und

$$X = \begin{cases} 1 & \text{mit Wahrscheinlichkeit } \theta \\ 0 & \text{mit Wahrscheinlichkeit } 1 - \theta. \end{cases}$$

Die Plausibilitätsfunktion für diese Verteilung lautet

$$l(\theta; x_1, \ldots, x_n) = \prod_{i=1}^{n} \theta^{x_i} (1-\theta)^{1-x_i} = \theta^{\sum_{i=1}^{n} x_i} (1-\theta)^{n-\sum_{i=1}^{n} x_i}$$

und aus dem Bayes'schen Theorem folgt die A-posteriori-Dichte der stochastischen Größe $\widetilde{\theta}$:

$$\pi(\theta \,|\, x_1, \ldots, x_n) \propto \pi(\theta)\, l(\theta; x_1, \ldots, x_n) = \theta^{\sum_{i=1}^{n} x_i} (1-\theta)^{n-\sum_{i=1}^{n} x_i}$$

Die A-posteriori-Dichte ist somit, bis auf Normierung, die Dichte einer Beta-Verteilung, d.h.,

$$\widetilde{\theta} \sim Be\left(\sum_{i=1}^{n} x_i + 1,\, n - \sum_{i=1}^{n} x_i + 1\right).$$

Konkret ergibt sich für die Stichprobe $D = \{1, 1, 0, 1, 0, 1, 1, 0, 1\}$ die A-posteriori-Dichte

$$\widetilde{\theta} \sim Be\left(\sum_{i=1}^{n} x_i + 1 , \, n - \sum_{i=1}^{n} x_i + 1\right) = Be(7,4).$$

Abbildung 6.14 zeigt den Informationsgewinn der Stichprobe durch Verringerung der Unsicherheit bezüglich θ.

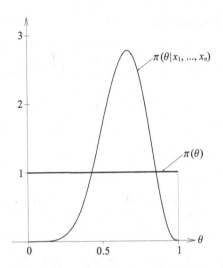

Abbildung 6.14. A-posteriori-Dichte

2. Für eine Stichprobe $D = (x_1, \dots, x_n)$ und eine A-priori-Dichte $\pi(\cdot)$ berechnet sich für die Teilstichprobe $D_1 = (x_1, \dots, x_k)$ die A-posteriori-Dichte $\pi(\cdot \mid D_1)$ aus dem Bayes'schen Theorem durch

$$\pi(\theta \mid D_1) = \pi(\theta \mid x_1, \dots, x_k) = \frac{\pi(\theta)\, l(\theta; x_1, \dots, x_k)}{\displaystyle\int_{\Theta} \pi(\theta)\, l(\theta; x_1, \dots, x_k)\, d\theta}.$$

Wird diese A-posteriori-Dichte $\pi(\cdot \mid D_1)$ als A-priori-Dichte für die zweite Teilstichprobe $D_2 = (x_{k+1}, \dots, x_n)$ verwendet, so folgt:

$$\pi(\theta \mid D_1, D_2) = \frac{\pi(\theta \mid D_1)\, l(\theta; x_{k+1}, \dots, x_n)}{\displaystyle\int_{\Theta} \pi(\theta \mid D_1)\, l(\theta; x_{k+1}, \dots, x_n)\, d\theta}$$

$$= \frac{\dfrac{\pi(\theta)\, l(\theta; x_1, \dots, x_k)}{\displaystyle\int_{\Theta} \pi(\theta)\, l(\theta; x_1, \dots, x_k)\, d\theta}\; l(\theta; x_{k+1}, \dots, x_n)}{\displaystyle\int_{\Theta} \dfrac{\pi(\theta)\, l(\theta; x_1, \dots, x_k)}{\displaystyle\int_{\Theta} \pi(\theta)\, l(\theta; x_1, \dots, x_k)\, d\theta}\; l(\theta; x_{k+1}, \dots, x_n)\, d\theta}$$

$$= \frac{\pi(\theta)\, l(\theta; x_1, \ldots, x_k)\, l(\theta; x_{k+1}, \ldots, x_n)}{\displaystyle\int_\Theta \pi(\theta)\, l(\theta; x_1, \ldots, x_k)\, l(\theta; x_{k+1}, \ldots, x_n)\, d\theta}$$

$$= \frac{\pi(\theta)\, l(\theta; x_1, \ldots, x_k, x_{k+1}, \ldots, x_n)}{\displaystyle\int_\Theta \pi(\theta)\, l(\theta; x_1, \ldots, x_k, x_{k+1}, \ldots, x_n)\, d\theta} = \pi(\theta\,|\,D)\,.$$

Dabei wurde die Gleichung

$$l(\theta; x_1, \ldots, x_k)\, l(\theta; x_{k+1}, \ldots, x_n) = \prod_{i=1}^{k} f(x_i\,|\,\theta) \prod_{i=k+1}^{n} f(x_i\,|\,\theta)$$

$$= \prod_{i=1}^{n} f(x_i\,|\,\theta) = l(\theta; x_1, \ldots, x_n)$$

verwendet.

Abschnitt 5.2

1. Für eine klassische A-priori-Dicht $\pi(\cdot)$ ist die „charakterisierende" Funktion $\xi_{\pi(\theta)}(\cdot)$ des Wertes von $\pi(\cdot)$ an der Stelle $\theta \in \Theta$ gleich der Indikatorfunktion des Wertes selbst, d.h.,

$$\xi_{\pi(\theta)}(x) = I_{\pi(\theta)}(x) \qquad \forall\, x \in \mathbb{R}\,.$$

Die δ-Schnitte von $\xi_{\pi(\theta)}(\cdot)$ bestehen in diesem Fall für alle $\delta \in (0,1]$ nur aus dem Wert $\pi(\theta)$. Daraus folgt, dass sowohl die obere als auch die untere δ-Niveaukurve für alle $\delta \in (0,1]$ gleich der klassischen Dichte $\pi(\cdot)$ sind.

Abschnitt 5.3

1. Mit einer ähnlichen Rechnung wie in Abschnitt 5.3.1 folgt aus der oberen Grenze

$$\overline{\pi}_\delta(\theta\,|\,\boldsymbol{x}_1^\star) = \frac{\overline{\pi}_\delta(\theta)\, \overline{l}_\delta(\theta\,;\boldsymbol{x}_1^\star)}{\displaystyle\int_\Theta \frac{1}{2}\left[\underline{\pi}_\delta(\theta)\, \underline{l}_\delta(\theta\,;\boldsymbol{x}_1^\star) + \overline{\pi}_\delta(\theta)\, \overline{l}_\delta(\theta\,;\boldsymbol{x}_1^\star)\right] d\theta}$$

der δ-Niveaukurven der unscharfen A-posteriori-Dichte $\pi^*(\cdot\,|\,\boldsymbol{x}_1^\star)$ und dem in Abschnitt 5.3.1 angeführten Nenner $N(\boldsymbol{x}_1^\star)$ für die obere Grenze der A-posteriori-Dichte $\pi^*(\cdot\,|\,\boldsymbol{x}_1^\star, \boldsymbol{x}_2^\star)$

$$\overline{\pi}_\delta(\theta\,|\,\boldsymbol{x}_1^\star, \boldsymbol{x}_2^\star) = \frac{\overline{\pi}_\delta(\theta\,|\,\boldsymbol{x}_1^\star)\, \overline{l}_\delta(\theta\,;\boldsymbol{x}_2^\star)}{\displaystyle\int_\Theta \frac{1}{2}\left[\underline{\pi}_\delta(\theta\,|\,\boldsymbol{x}_1^\star)\, \underline{l}_\delta(\theta\,;\boldsymbol{x}_2^\star) + \overline{\pi}_\delta(\theta\,|\,\boldsymbol{x}_1^\star)\, \overline{l}_\delta(\theta\,;\boldsymbol{x}_2^\star)\right] d\theta}$$

$$= \frac{N(\boldsymbol{x}_1^\star)^{-1}\, \overline{\pi}_\delta(\theta)\, \overline{l}_\delta(\theta\,;\boldsymbol{x}_1^\star)\, \overline{l}_\delta(\theta\,;\boldsymbol{x}_2^\star)}{\displaystyle\int_\Theta \frac{1}{2}\, N(\boldsymbol{x}_1^\star)^{-1}\left[\underline{\pi}_\delta(\theta)\, \underline{l}_\delta(\theta\,;\boldsymbol{x}_1^\star)\, \underline{l}_\delta(\theta\,;\boldsymbol{x}_2^\star) + \overline{\pi}_\delta(\theta)\, \overline{l}_\delta(\theta\,;\boldsymbol{x}_1^\star)\, \overline{l}_\delta(\theta\,;\boldsymbol{x}_2^\star)\right] d\theta}$$

$$= \frac{\overline{\pi}_\delta(\theta)\,\overline{l}_\delta\,(\theta\,;\boldsymbol{x}_1^\star)\,\overline{l}_\delta\,(\theta\,;\boldsymbol{x}_2^\star)}{\displaystyle\int_\Theta \frac{1}{2}\Big[\underline{\pi}_\delta(\theta)\,\underline{l}_\delta\,(\theta\,;\boldsymbol{x}_1^\star)\,\underline{l}_\delta\,(\theta\,;\boldsymbol{x}_2^\star)+\overline{\pi}_\delta(\theta)\,\overline{l}_\delta\,(\theta\,;\boldsymbol{x}_1^\star)\,\overline{l}_\delta\,(\theta\,;\boldsymbol{x}_2^\star)\Big]\,d\theta}$$

$$= \frac{\overline{\pi}_\delta(\theta)\,\overline{l}_\delta\,(\theta\,;\boldsymbol{x}^\star)}{\displaystyle\int_\Theta \frac{1}{2}\Big[\underline{\pi}_\delta(\theta)\,\underline{l}_\delta\,(\theta\,;\boldsymbol{x}^\star)+\overline{\pi}_\delta(\theta)\,\overline{l}_\delta\,(\theta\,;\boldsymbol{x}^\star)\Big]\,d\theta}=\overline{\pi}_\delta(\theta\,|\,\boldsymbol{x}^\star)\,,$$

woraus die behauptete Beziehung $\overline{\pi}_\delta(\theta\,|\,\boldsymbol{x}_1^\star,\boldsymbol{x}_2^\star)=\overline{\pi}_\delta(\theta\,|\,\boldsymbol{x}^\star)$ folgt.

2. Im Spezialfall exakter Daten $\boldsymbol{x}=(x_1,\ldots,x_n)$ und klassischer A-priori-Dichte $\pi(\cdot)$ entfällt zum einen die Fortsetzung der Plausibilitätsfunktion mit Hilfe des Erweiterungsprinzips, zum anderen sind die δ-Niveaukurven der A-priori-Dichte nach Aufgabe 1 in Abschnitt 5.2 gleich der klassischen Dichte $\pi(\cdot)$. In diesem Fall gilt somit für alle $\delta \in (0,1]$

$$\underline{l}_\delta\,(\theta\,;\boldsymbol{x})=\overline{l}_\delta\,(\theta\,;\boldsymbol{x})=l\,(\theta\,;\boldsymbol{x})\qquad \forall\,\theta\in\Theta$$

und

$$\overline{\pi}_\delta(\theta)=\underline{\pi}_\delta(\theta)=\pi(\theta)\qquad \forall\,\theta\in\Theta\,.$$

Nach den in Abschnitt 5.3.1 hergeleiteten Formeln der adaptierten Verallgemeinerung des Bayes'schen Theorems lauten die beiden δ-Niveaukurven der A-posteriori-Dichte

$$\underline{\pi}_\delta(\theta\,|\,\boldsymbol{x})=\frac{\underline{\pi}_\delta(\theta)\,\underline{l}_\delta\,(\theta\,;\boldsymbol{x})}{\displaystyle\int_\Theta \frac{1}{2}\Big[\underline{\pi}_\delta(\theta)\,\underline{l}_\delta\,(\theta\,;\boldsymbol{x})+\overline{\pi}_\delta(\theta)\,\overline{l}_\delta\,(\theta\,;\boldsymbol{x})\Big]\,d\theta}$$

$$= \frac{\pi(\theta)\,l\,(\theta\,;\boldsymbol{x})}{\displaystyle\int_\Theta \frac{1}{2}\Big[\pi(\theta)\,l\,(\theta\,;\boldsymbol{x})+\pi(\theta)\,l\,(\theta\,;\boldsymbol{x})\Big]\,d\theta}$$

$$= \frac{\pi(\theta)\,l\,(\theta\,;\boldsymbol{x})}{\displaystyle\int_\Theta \pi(\theta)\,l\,(\theta\,;\boldsymbol{x})\,d\theta}$$

und

$$\overline{\pi}_\delta(\theta\,|\,\boldsymbol{x})=\frac{\overline{\pi}_\delta(\theta)\,\overline{l}_\delta\,(\theta\,;\boldsymbol{x})}{\displaystyle\int_\Theta \frac{1}{2}\Big[\underline{\pi}_\delta(\theta)\,\underline{l}_\delta\,(\theta\,;\boldsymbol{x})+\overline{\pi}_\delta(\theta)\,\overline{l}_\delta\,(\theta\,;\boldsymbol{x})\Big]\,d\theta}$$

$$= \frac{\pi(\theta)\,l\,(\theta\,;\boldsymbol{x})}{\displaystyle\int_\Theta \frac{1}{2}\Big[\pi(\theta)\,l\,(\theta\,;\boldsymbol{x})+\pi(\theta)\,l\,(\theta\,;\boldsymbol{x})\Big]\,d\theta}$$

$$= \frac{\pi(\theta)\,l\,(\theta\,;\boldsymbol{x})}{\displaystyle\int_\Theta \pi(\theta)\,l\,(\theta\,;\boldsymbol{x})\,d\theta}\,.$$

Daraus folgt

$$\underline{\pi}_\delta(\theta\,|\,\boldsymbol{x})=\overline{\pi}_\delta(\theta\,|\,\boldsymbol{x})=\pi(\theta\,|\,\boldsymbol{x})\,.$$

Abschnitt 5.4

1. Für den Nachweis, dass $f^\star(\cdot \mid \boldsymbol{x}^\star)$ eine unscharfe Dichtefunktion im Sinne der Definition 2.37 ist, muss die Eigenschaft

$$\fint_{M_X} f^\star(x \mid \boldsymbol{x}^\star)\, dx = 1^\star_+$$

nachgewiesen werden. Für die folgenden Ausführungen wird ohne Beschränkung der Allgemeinheit $M_X = \mathbb{R}$ angenommen. Zu zeigen ist, dass für die Grenzen der δ-Schnitte

$$C_\delta\left(f^\star(x \mid \boldsymbol{x}^\star)\right) = \left[\underline{f}_\delta(x \mid \boldsymbol{x}^\star),\, \overline{f}_\delta(x \mid \boldsymbol{x}^\star)\right]$$

für alle $\delta \in (0,1]$ gilt:

$$\int_{\mathbb{R}} \underline{f}_\delta(x \mid \boldsymbol{x}^\star)\, dx \leq 1 \qquad \text{und} \qquad \int_{\mathbb{R}} \overline{f}_\delta(x \mid \boldsymbol{x}^\star)\, dx \geq 1$$

Aus den Eigenschaften $f(x \mid \theta) \geq 0$ und $\underline{\pi}_\delta(\theta \mid \boldsymbol{x}^\star) \geq 0$ für die untere Grenze des δ-Schnittes $C_\delta\left(\pi^\star(\theta \mid \boldsymbol{x}^\star)\right) = [\underline{\pi}_\delta(\theta \mid \boldsymbol{x}^\star), \overline{\pi}_\delta(\theta \mid \boldsymbol{x}^\star)]$ folgt aus der Gleichung (2.12):

$$\underline{f}_\delta(x \mid \boldsymbol{x}^\star) = \int_\Theta f(x \mid \theta)\, \underline{\pi}_\delta(\theta \mid \boldsymbol{x}^\star)\, d\theta$$

und

$$\overline{f}_\delta(x \mid \boldsymbol{x}^\star) = \int_\Theta f(x \mid \theta)\, \overline{\pi}_\delta(\theta \mid \boldsymbol{x}^\star)\, d\theta$$

Daraus folgt für alle $\delta \in (0,1]$:

$$\int_{\mathbb{R}} \underline{f}_\delta(x \mid \boldsymbol{x}^\star)\, dx = \int_{\mathbb{R}} \int_\Theta f(x \mid \theta)\, \underline{\pi}_\delta(\theta \mid \boldsymbol{x}^\star)\, d\theta\, dx$$

$$= \int_{\mathbb{R}} \int_\Theta \frac{f(x \mid \theta)\, \underline{\pi}_\delta(\theta)\, \underline{l}_\delta(\theta\,;\boldsymbol{x}^\star)}{\displaystyle\int_\Theta \frac{1}{2}\left[\underline{\pi}_\delta(\theta)\, \underline{l}_\delta(\theta\,;\boldsymbol{x}^\star) + \overline{\pi}_\delta(\theta)\, \overline{l}_\delta(\theta\,;\boldsymbol{x}^\star)\right] d\theta}\, d\theta\, dx$$

$$= \int_\Theta \int_{\mathbb{R}} \frac{f(x \mid \theta)\, \underline{\pi}_\delta(\theta)\, \underline{l}_\delta(\theta\,;\boldsymbol{x}^\star)}{\displaystyle\int_\Theta \frac{1}{2}\left[\underline{\pi}_\delta(\theta)\, \underline{l}_\delta(\theta\,;\boldsymbol{x}^\star) + \overline{\pi}_\delta(\theta)\, \overline{l}_\delta(\theta\,;\boldsymbol{x}^\star)\right] d\theta}\, dx\, d\theta$$

$$= \int_\Theta \frac{\left(\displaystyle\int_{\mathbb{R}} f(x \mid \theta)\, dx\right) \underline{\pi}_\delta(\theta)\, \underline{l}_\delta(\theta\,;\boldsymbol{x}^\star)}{\displaystyle\int_\Theta \frac{1}{2}\left[\underline{\pi}_\delta(\theta)\, \underline{l}_\delta(\theta\,;\boldsymbol{x}^\star) + \overline{\pi}_\delta(\theta)\, \overline{l}_\delta(\theta\,;\boldsymbol{x}^\star)\right] d\theta}\, d\theta$$

$$= \int_\Theta \frac{\pi_\delta(\theta) \, \underline{l}_\delta \, (\theta \, ; \boldsymbol{x}^\star)}{\int_\Theta \frac{1}{2} \left[\underline{\pi}_\delta(\theta) \, \underline{l}_\delta \, (\theta \, ; \boldsymbol{x}^\star) + \overline{\pi}_\delta(\theta) \, \overline{l}_\delta \, (\theta \, ; \boldsymbol{x}^\star) \right] d\theta} \, d\theta$$

$$= \int_\Theta \underline{\pi}_\delta(\theta \mid \boldsymbol{x}^\star) \, d\theta \leq 1$$

und

$$\int_{\mathbb{R}} \overline{f}_\delta(x \mid \boldsymbol{x}^\star) \, dx = \int_{\mathbb{R}} \int_\Theta f(x \mid \theta) \, \overline{\pi}_\delta(\theta \mid \boldsymbol{x}^\star) \, d\theta \, dx$$

$$= \int_{\mathbb{R}} \int_\Theta \frac{f(x \mid \theta) \, \overline{\pi}_\delta(\theta) \, \overline{l}_\delta \, (\theta \, ; \boldsymbol{x}^\star)}{\int_\Theta \frac{1}{2} \left[\underline{\pi}_\delta(\theta) \, \underline{l}_\delta \, (\theta \, ; \boldsymbol{x}^\star) + \overline{\pi}_\delta(\theta) \, \overline{l}_\delta \, (\theta \, ; \boldsymbol{x}^\star) \right] d\theta} \, d\theta \, dx$$

$$= \int_\Theta \int_{\mathbb{R}} \frac{f(x \mid \theta) \, \overline{\pi}_\delta(\theta) \, \overline{l}_\delta \, (\theta \, ; \boldsymbol{x}^\star)}{\int_\Theta \frac{1}{2} \left[\underline{\pi}_\delta(\theta) \, \underline{l}_\delta \, (\theta \, ; \boldsymbol{x}^\star) + \overline{\pi}_\delta(\theta) \, \overline{l}_\delta \, (\theta \, ; \boldsymbol{x}^\star) \right] d\theta} \, dx \, d\theta$$

$$= \int_\Theta \frac{\left(\int_{\mathbb{R}} f(x \mid \theta) \, dx \right) \overline{\pi}_\delta(\theta) \, \overline{l}_\delta \, (\theta \, ; \boldsymbol{x}^\star)}{\int_\Theta \frac{1}{2} \left[\underline{\pi}_\delta(\theta) \, \underline{l}_\delta \, (\theta \, ; \boldsymbol{x}^\star) + \overline{\pi}_\delta(\theta) \, \overline{l}_\delta \, (\theta \, ; \boldsymbol{x}^\star) \right] d\theta} \, d\theta$$

$$= \int_\Theta \frac{\overline{\pi}_\delta(\theta) \, \overline{l}_\delta \, (\theta \, ; \boldsymbol{x}^\star)}{\int_\Theta \frac{1}{2} \left[\underline{\pi}_\delta(\theta) \, \underline{l}_\delta \, (\theta \, ; \boldsymbol{x}^\star) + \overline{\pi}_\delta(\theta) \, \overline{l}_\delta \, (\theta \, ; \boldsymbol{x}^\star) \right] d\theta} \, d\theta$$

$$= \int_\Theta \overline{\pi}_\delta(\theta \mid \boldsymbol{x}^\star) \, d\theta \geq 1$$

Die unscharfe Prädiktivdichte erfüllt somit die wesentliche Eigenschaft einer unscharfen Dichte im Sinne der Definition 2.37.

2. Nachdem $f^\star(\cdot \mid \boldsymbol{x}^\star)$ nach Aufgabe 1 eine unscharfe Dichte im Sinne der Definition 2.37 ist, erfüllen die betrachteten Wahrscheinlichkeiten definitionsgemäß alle Eigenschaften von unscharfen Wahrscheinlichkeitsverteilungen.

Abschnitt 5.5

1. Die entsprechende charakterisierende Funktion ist die Indikatorfunktion:

$$I_{\left\{ \mathbb{E}_{P(\cdot)} U(\tilde{\theta}, d) \right\}}(\cdot)$$

2. Für $\Theta = \{ \theta_1, \theta_2, \ldots, \theta_m \}$ mit entsprechenden Punktwahrscheinlichkeiten $p(\theta_k)$ gilt

$$\mathbb{E}_{P(\cdot)} U^\star \left(\tilde{\theta}, d \right) = \sum_{k=1}^{m} U^\star(\theta_k, d) \, p(\theta_k) .$$

Literatur

[AG03]   Arnold, B., Gerke, O.: Testing fuzzy linear hypotheses in linear regression models. Metrika, **57**, 21 – 29 (2003)

[Ba97]   Bandemer, H.: Ratschläge zum mathematischen Umgang mit Ungewissheit – Reasonable Computing. B.G. Teubner Verlag, Stuttgart (1997)

[BG93]   Bandemer, H., Gottwald, S.: Einführung in Fuzzy-Methoden, 4. Auflage. Akademie Verlag, Berlin (1993)

[BN92]   Bandemer, H., Näther, W.: Fuzzy Data Analysis. Kluwer Academic Publishers, Dordrecht (1992)

[BS95]   Bernardo, J.M., Smith, A.F.M.: Bayesian Theory. John Wiley & Sons, Chichester, England (1995)

[BH03]   Berthold, D., Hand, D. (eds.): Intelligent Data Analysis, Second Edition. Springer, Berlin (2003)

[BGR02] Bertoluzza, C., Gil, M.A., Ralescu, D. (eds.): Statistical Modeling, Analysis and Management of Fuzzy Data. Physica-Verlag, Heidelberg (2002)

[BT73]   Box, G.E.P., Tiao, G.C.: Bayesian Inference in Statistical Analysis. Addison-Wesley, Reading, Mass. (1973)

[Bu03]   Buckley, J.J.: Fuzzy Probabilities. Physica-Verlag, Heidelberg (2003)

[DK94]   Diamond, P., Kloeden, P.: Metric Spaces of Fuzzy Sets. World Scientific, Singapore (1994)

[DP00]   Dubois, D., Prade, H. (eds.): Fundamentals of Fuzzy Sets. Kluwer Academic Publishers, Dordrecht (2000)

[Gr01]   Grzegorzewski, P.: Fuzzy tests - defuzzification and randomization. Fuzzy Sets and Systems, **180**, 437 – 446 (2001)

[FV04]   Filzmoser, P., Viertl, R.: Testing hypotheses with fuzzy data: The fuzzy p-value. Metrika, **59**, 21 – 29 (2004)

[GHG02] Grzegorzewski, O., Hryniewicz, O., Gil, M.A. (eds.): Soft Methods in Probability, Statistics and Data Analysis. Physica-Verlag, Heidelberg (2002)

[KMP00] Klement, E., Mesiar, R., Pap, E.: Triangular Norms. Kluwer Academic Publishers, Dordrecht (2000)

[KY95]   Klir, G., Yuan, B.: Fuzzy Sets and Fuzzy Logic: Theory and Applications. Prentice Hall, Upper Saddle River, N.J. (1995)

[Kw78]   Kwakernaak, H.: Fuzzy random variables - I. definition and theorems. Information Science, **15**, 1 – 29 (1978)

[Kw79]   Kwakernaak, H.: Fuzzy random variables - II. algorithms and examples. Information Science, **17**, 253 – 278 (1979)

[Me51]   Menger, K.: Ensembles flous et fonctions aleatoires. Comptes Rendus de l'Academie des Sciences Paris (1951)

[MB04]   Möller, B., Beer, M.: Fuzzy Randomness; Uncertainty in Civil Engineering and Computational Mechanics. Springer, Berlin (2004)

[Mu98]   K. Munk: Regressionsrechnung mit unscharfen Daten. Diplomarbeit, Institut für Statistik und Wahrscheinlichkeitstheorie, TU Wien (1998)

[PR86]   Puri, M.L., Ralescu, D.A.: Fuzzy random variables. Journal of Mathematical Analysis and Applications, **114**, 409 – 422 (1986)

[RK95]   Römer, C., Kandel, A.: Statistical tests for fuzzy data. Fuzzy Sets and Systems, **72**, 1 – 26 (1995)

[RBP02]   Ross, T., Booker, J., Parkinson, W. (eds.): Fuzzy Logic and Probability Applications: Bridging the Gap. ASA and SIAM, Philadelphia (2002)

[Sc93]   Schneider, R.: Convex Bodies. Cambridge Univ. Press, Cambridge (1993)

[Se99]   Seising, R. (ed.): Fuzzy-Theorie und Stochastik: Modelle und Anwendungen in der Diskussion. Vieweg, Braunschweig (1999)

[Ta03]   Taheri, S.: Trends in fuzzy statistics. Austrian Journal of Statistics **32** (2003)

[Vi87]   Viertl, R.: Is it necessary to develop a fuzzy Bayesian inference? In: Viertl, R. (ed.): Probability and Bayesian Statistics. Plenum, New York (1987)

[Vi96]   Viertl, R.: Statistical Methods for Non-Precise Data. CRC Press, Boca Raton, Florida (1996)

[Vi02a]   Viertl, R.: On the description and analysis of measurements of continuous quantities. Kybernetika, **38**, 353 – 362 (2002)

[Vi02b]   Viertl, R.: Allgemeine Informationstheorie und Statistik. In: Festschrift 50 Jahre Österreichische Statistische Gesellschaft. ÖSG, Wien (2002)

[Vi03a]   Viertl, R.: Einführung in die Stochastik – Mit Elementen der Bayes-Statistik und der Analyse unscharfer Information, 3. Auflage. Springer, Wien (2003)

[Vi03b]   Viertl, R.: Statistical inference with imprecise data. In: Encyclopedia of Life Support Systems. Published online by UNESCO, Paris (www.eolss.unesco.org) (2003)

[VH04a]   Viertl, R., Hareter, D.: Generalized Bayes' theorem for non-precise a-priori distribution. Metrika, **59**, 263 – 273 (2004)

[VH04b]   Viertl, R., Hareter, D.: Fuzzy information and imprecise probability. Zeitschrift für Angewandte Mathematik und Mechanik **84**, 731 – 739 (2004)

[WI93]   Watanabe, N., Imaizumi, T.: A fuzzy statistical test of fuzzy hypotheses. Fuzzy Sets and Systems, **53**, 167 – 179 (1993)

[Wo01]   Wolkenhauer, O.: Data Engineering: Fuzzy Mathematics in Systems Theory and Data Analysis. Wiley, New York (2001)

[Za65]   Zadeh, L.A.: Fuzzy sets. Information and Control, **8**, 338 – 353 (1965)

[Zi87]   Zimmermann, H.J.: Fuzzy Sets, Decision Making and Expert Systems. Kluwer, Boston (1987)

Sachverzeichnis

SpringerMathematik

Reinhard K. W. Viertl

Einführung in die Stochastik

Mit Elementen der Bayes-Statistik und
der Analyse unscharfer Information

Dritte, überarbeitete und erweiterte Auflage.
2003. XV, 224 Seiten. 51 Abbildungen.
Broschiert **EUR 29,80,** sFr 51,–
ISBN 3-211-00837-3
Springers Lehrbücher der Informatik

Verschiedene Wahrscheinlichkeitsbegriffe, inklusive neuester unscharfer Wahrscheinlichkeiten, und die dazu notwendigen Konzepte von Fuzzy Modellen werden vorgestellt, gefolgt von einer detaillierten Beschreibung von Wahrscheinlichkeitsräumen, stochastischen Größen, speziellen Wahrscheinlichkeitsverteilungen, deren charakteristischen Größen, Zusammenhangsmaßen, charakteristischen Funktionen, Konvergenzfragen für Folgen stochastischer Größen, Markoff-Ketten usw. Der zweite Teil ist der klassischen schließenden Statistik gewidmet und bringt Schätzfunktionen, Konfidenzbereiche, statistische Tests und Elemente der klassischen Regressionsrechnung sowie eine Einführung in die Bayes-Statistik. Das letzte Kapitel ist der quantitativen Beschreibung unscharfer Information im Zusammenhang mit stochastischen Modellen gewidmet. Dieser Teil ist völlig neu und enthält eine Verallgemeinerung des Bayesschen Theorems für unscharfe A-priori-Verteilungen und unscharfe Daten, die bislang noch nicht publiziert wurde.

Besuchen Sie auch unsere Website: **springer.at**

SpringerWienNewYork

P.O. Box 89, Sachsenplatz 4–6, 1201 Wien, Österreich, Fax +43.1.330 24 26, books@springer.at, **springer.at**
Haberstraße 7, 69126 Heidelberg, Deutschland, Fax +49.6221.345-4229, SDC-bookorder@springer-sbm.com, springeronline.com
P.O. Box 2485, Secaucus, NJ 07096-2485, USA, Fax +1.201.348-4505, orders@springer-ny.com, springeronline.com
Eastern Book Service, 3–13, Hongo 3-chome, Bunkyo-ku, Tokyo 113, Japan, Fax +81.3.38 18 08 64, orders@svt-ebs.co.jp
Preisänderungen und Irrtümer vorbehalten.

SpringerMathematik

Robert Hafner

Nichtparametrische Verfahren der Statistik

2001. VIII, 233 Seiten. 102 Abbildungen.
Broschiert **EUR 30,40**, sFr 52,–
ISBN 3-211-83600-4

In den letzten Jahrzehnten ist die nichtparametrische Statistik rasch und umfassend gewachsen. Für die verschiedensten Fragestellungen und Modelle der Datenerzeugung wurden nichtparametrische Verfahren entwickelt, und auch in die gängigen Statistik-Programmpakete haben viele dieser Verfahren Eingang gefunden. Es ist daher heute selbstverständlich, Anwender der Statistik und insbesondere Studenten der angewandten Statistik mit den Grundlagen und Methoden der nichtparametrischen Statistik in eigenen Kursen und Vorlesungen vertraut zu machen.

Die Vorlesungen, die der Autor an verschiedenen Hochschulen gehalten hat, haben die Stoffauswahl und Präsentation wesentlich bestimmt. Das Buch richtet sich an Leser, die im Bereich der klassischen parametrischen Statistik, zumindest was das Begriffliche angeht, einigermaßen sattelfest sind – konkrete Formelkenntnisse sind nur in sehr bescheidenem Umfang erforderlich. Das Lehrbuch beschränkt sich auf eine sorgfältige Darstellung der grundlegenden Fragestellungen, damit sich die Leser jederzeit in der weiterführenden Literatur über nichtparametrische Verfahren zurechtfinden. Eine große Zahl von Abbildungen fördert die Anschaulichkeit der Darstellung.

Besuchen Sie auch unsere Website: **springer.at**

 Springer Wien New York

P.O. Box 89, Sachsenplatz 4–6, 1201 Wien, Österreich, Fax +43.1.330 24 26, books@springer.at, **springer.at**
Haberstraße 7, 69126 Heidelberg, Deutschland, Fax +49.6221.345-4229, SDC-bookorder@springer-sbm.com, springeronline.com
P.O. Box 2485, Secaucus, NJ 07096-2485, USA, Fax +1.201.348-4505, orders@springer-ny.com, springeronline.com
Eastern Book Service, 3–13, Hongo 3-chome, Bunkyo-ku, Tokyo 113, Japan, Fax +81.3.38 18 08 64, orders@svt-ebs.co.jp
Preisänderungen und Irrtümer vorbehalten.

SpringerWirtschaft

Robert Hafner

Statistik für Sozial- und Wirtschaftswissenschaftler Band 1

Lehrbuch

Zweite, überarbeitete Auflage.
2000. X, 201 Seiten. 58 Abbildungen.
Broschiert **EUR 21,–**, sFr 36,–
ISBN 3-211-83455-9
Springers Kurzlehrbücher der Wirtschaftswissenschaften

Diese Einführung in die Sozial- und Wirtschaftsstatistik behandelt vor allem die Deskriptive Statistik, die Wahrscheinlichkeitsrechnung und die Mathematische Statistik. Der Stoff wird in leicht faßbarer Form, immer von Beispielen ausgehend, dargestellt, somit eignet sich das Buch hervorragend zum Selbststudium. Die allgemeine Anlage und Form der Darstellung wurde laufend verbessert und an tausenden Studenten mit Erfolg erprobt. Im Gegensatz zu vergleichbaren Büchern wird großer Wert auf eine klare und verständliche Darstellung der Grundbegriffe der Wahrscheinlichkeitsrechnung und Mathematischen Statistik gelegt, um dem Leser eine solide Basis für die Benützung statistischer Programmpakete zu vermitteln.

Besuchen Sie auch unsere Website: **springer.at**

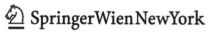

P.O. Box 89, Sachsenplatz 4–6, 1201 Wien, Österreich, Fax +43.1.330 24 26, books@springer.at, **springer.at**
Haberstraße 7, 69126 Heidelberg, Deutschland, Fax +49.6221.345-4229, SDC-bookorder@springer-sbm.com, springeronline.com
P.O. Box 2485, Secaucus, NJ 07096-2485, USA, Fax +1.201.348-4505, orders@springer-ny.com, springeronline.com
Eastern Book Service, 3–13, Hongo 3-chome, Bunkyo-ku, Tokyo 113, Japan, Fax +81.3.38 18 08 64, orders@svt-ebs.co.jp
Preisänderungen und Irrtümer vorbehalten.

SpringerWirtschaft

Robert Hafner, Helmut Waldl

Statistik für Sozial- und Wirtschaftswissenschaftler Band 2

Arbeitsbuch für SPSS und Microsoft Excel

2001. XII, 244 Seiten. 221 Abbildungen.
Broschiert **EUR 22,50**, sFr 38,50
ISBN 3-211-83511-3
Springers Kurzlehrbücher der Wirtschaftswissenschaften

Diese Einführung in die Anwendung der Statistik-Programmsysteme SPSS und Excel ist der Begleitband zu „Statistik für Sozial- und Wirtschaftswissenschaftler, Band 1".
Die klare und knappe Darstellung eignet sich ideal zum Selbststudium. Beide Bücher ergänzen einander und decken sowohl den theoretischen als auch den praktischen Aspekt der Statistik ab.

Besuchen Sie auch unsere Website: **springer.at**

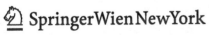

SpringerWien**New**York

P.O. Box 89, Sachsenplatz 4–6, 1201 Wien, Österreich, Fax +43.1.330 24 26, books@springer.at, **springer.at**
Haberstraße 7, 69126 Heidelberg, Deutschland, Fax +49.6221.345-4229, SDC-bookorder@springer-sbm.com, springeronline.com
P.O. Box 2485, Secaucus, NJ 07096-2485, USA, Fax +1.201.348-4505, orders@springer-ny.com, springeronline.com
Eastern Book Service, 3–13, Hongo 3-chome, Bunkyo-ku, Tokyo 113, Japan, Fax +81.3.38 18 08 64, orders@svt-ebs.co.jp
Preisänderungen und Irrtümer vorbehalten.

SpringerMathematik

Robert Hafner

Wahrscheinlichkeitsrechnung und Statistik

1989. XIV, 512 Seiten. 165 Abbildungen.
Gebunden **EUR 48,90**, sFr 83,50
ISBN 3-211-82162-7

Das Buch ist eine Einführung in die Wahrscheinlichkeitsrechnung und mathematische Statistik auf mittlerem mathematischen Niveau. Die Pädagogik der Darstellung unterscheidet sich in wesentlichen Teilen – Einführung der Modelle für unabhängige und abhängige Experimente, Darstellung des Suffizienzbegriffes, Ausführung des Zusammenhanges zwischen Testtheorie und Theorie der Bereichschätzung, allgemeine Diskussion der Modellentwicklung – erheblich von der anderer vergleichbarer Lehrbücher.

Die Darstellung ist, soweit auf diesem Niveau möglich, mathematisch exakt, verzichtet aber bewusst und ebenfalls im Gegensatz zu vergleichbaren Texten auf die Erörterung von Messbarkeitsfragen. Der Leser wird dadurch erheblich entlastet, ohne dass wesentliche Substanz verloren geht.

Das Buch will allen, die an der Anwendung der Statistik auf solider Grundlage interessiert sind, eine Einführung bieten, und richtet sich an Studierende und Dozenten aller Studienrichtungen, für die mathematische Statistik ein Werkzeug ist.

Besuchen Sie auch unsere Website: **springer.at**

Springer Wien New York

P.O. Box 89, Sachsenplatz 4–6, 1201 Wien, Österreich, Fax +43.1.330 24 26, books@springer.at, **springer.at**
Haberstraße 7, 69126 Heidelberg, Deutschland, Fax +49.6221.345-4229, SDC-bookorder@springer-sbm.com, springeronline.com
P.O. Box 2485, Secaucus, NJ 07096-2485, USA, Fax +1.201.348-4505, orders@springer-ny.com, springeronline.com
Eastern Book Service, 3–13, Hongo 3-chome, Bunkyo-ku, Tokyo 113, Japan, Fax +81.3.38 18 08 64, orders@svt-ebs.co.jp
Preisänderungen und Irrtümer vorbehalten.

Springer und Umwelt